# GARDEN MOOK

# 花园

## 绣球号

VOL.8

[日] FG武藏◆编著

长江出版传媒
湖北科学技术出版社

## 图书在版编目（CIP）数据

花园MOOK. 绣球号 / 日本FG武蔵编著；花园MOOK翻译组译. — 武汉：湖北科学技术出版社，2017.11（2021.4 重印）

ISBN 978-7-5352-9737-2

Ⅰ. ①花… Ⅱ. ①日… ②花… Ⅲ. ①观赏园艺－日本－丛刊 Ⅳ. ①S68-55

中国版本图书馆CIP数据核字(2017)第249815号





Huayuan MOOK Xiuqiu Hao

特约编辑　药草花园
责任编辑　林　潇
封面设计　胡　博
督　　印　刘春尧
翻　　译　陶　旭　白舞青逸　末季泡泡
　　　　　MissZ　64m　糯　米　药草花园
出版发行　湖北科学技术出版社
地　　址　武汉市雄楚大街268号
　　　　　（湖北出版文化城B座13-14层）
邮　　编　430070
电　　话　027-87679468
网　　址　www.hbstp.com.cn
印　　刷　武汉市金港彩印有限公司
邮　　编　430023
开　　本　889x1194　1/16　7.25印张
版　　次　2017年11月第1版
　　　　　2021年4月第3次印刷
定　　价　48.00元

（本书如有印装问题，可找本社市场部更换）

# 卷首语

不知不觉中，《花园 MOOK》迎来了两周年的生日，我们新的《花园 MOOK·绣球号》也与大家见面了。

2017 年有很多美丽的植物成为大家热捧的对象，但其中最让人心仪的还属可爱的绣球。绣球在我国的栽培历史很悠久，但是因为品种单一，一直是作为绿化大路货的存在。这两年随着日系、美系绣球的进口，一扇奇妙的绣球大门向花友们打开了。重瓣花、卷边形、春秋开，千变万化，美不胜收。

在这一期《花园 MOOK》特辑里，让我们一起看看日本的绣球达人推荐了哪些品种，又是怎么进行修剪和种植的。

“绣球太美了，我特别喜欢中华木绣球！”这样的说法是每个初学者都可能会犯的错误。其实，木绣球并不是绣球哦！在科普栏目中，博物少年余天一会讲述绣球与荚蒾的区别。看完之后，你想必再也不会傻傻分不清了。

绣球是一种体量庞大的植物，自己能够种植的数量是有限的，想要了解和欣赏更多美丽的绣球，我们可以去各地的绣球园一饱眼福。这期旅游栏目我们介绍了日本镰仓和上海辰山。下一个绣球花季，静参古都寺庙还是徜徉植物花海，就看你的选择了！

拥有一座小小的后院或楼顶花园，是把乡村梦想和城市生活结合起来的好方式。花园狭小不意味着杂乱与拥挤，它同样可以精致、优雅、充满魅力。通过《小花园，大秘密》一文，我们一起来揭开小花园里隐藏的秘密吧！特别值得推荐的是，本文专门访问了若干个高人气个性小店的花园。阅读之后，会不会让有志于“开一家小店就是谈一场恋爱”的梦想家们更加有动力了呢？

每次阅读园艺书，花园主人们总说：“在花园里小憩片刻是最美好的。”小憩离不开舒适的花园椅子，在本期的杂货栏目里，我们就来学习花园椅子的用法，让花园小憩变得更加精彩！

本期花园探访，我们新的专栏作者常青藤将前往南京来场《之之花园拜访记》，之之的花园里有静谧的鱼池、四季变更的花草、童话里的小杂货……其中最美的景色是什么呢？先卖个关子，答案请自己寻找吧！

最后的人物专题，我们将介绍园艺女神蔡丸子小姐，丸子小姐撰写和翻译了大量的园艺书籍，并组织了多次世界花园之旅。文中她用自己的经历讲述她美丽的园艺故事。相信在阅读之后，我们每个人都会感悟到，生活是可以过得如绣球般丰满烂漫的！

《花园 MOOK》编辑部

06 巧妙利用空间让花园熠熠生辉

# 小花园，大秘密

06 PART1 园艺设计师曼妙的身影后，蕴藏着花园考究的秘密
园艺设计师吉谷桂子的两个小型花园

12 PART2 不纠结空间问题！
渲染个性色彩的小型花园

30 PART3 潮园一点通！
向人气 SHOP 学习 Step up 搭配

34 PART4 伦敦 / 巴黎大发现
大城市中的袖珍花园

40 PART5 从 6 个关键点
成就小花园的实力物件

---

43 花开四季，蕴藏丰富品种的气质花园

# 之之花园拜访记

48

# 让我们出发看绣球！

日本镰仓 VS 上海辰山植物园

60

# 绣球和荚蒾小科普

欢迎加入 QQ 群
“绿手指园艺俱乐部 235453414”

# 花园MOOK·绣球号

CONTENTS

VOL.08


64 彻底调查
## 提升品位的关键

64 Small篇
小空间也能打造美丽的花园

76 花园与椅子的美好关系

78 Large篇
在宽敞又错落的花园里，到处都能看到美丽的景致

88 花园时尚达人们暗自看好的
植物＆物品大调查！

89 添加物品 & 植物
决定时尚感的8个关键

92 超高人气的热门植物
## 用绣球打造意境优雅的庭院

100 北村光世
## 无限向往的花园生活

106 造访独具风情的花园

110 专访绿手指首席园艺作家
## 蔡丸子：园艺生活的传播者

114 世界花园之旅倾情奉献——丸子带你看绣球

PART 1 园艺设计师曼妙的身影后，蕴藏着花园考究的秘密

园艺设计师
吉谷桂子的
两个小型花园

位于东京郊外住宅区的吉谷桂子的家，围绕住宅设计了两处小型花园，根据不同的环境采用了因地制宜的造园方法，形成两个风格鲜明的园子。下面，我们去揭开园艺女神的花园秘密吧！

GROUND

A great secret of small garden

SPECIAL FEATURE
目标是"私家定制"的舒适

小花


PART 2
不纠结空间问题！
渲染个性色彩的小型花园
p.12

PART 3
潮园一点通！
向人气SHOP学习Step up搭配
p.30

PART 4
伦敦/巴黎大发现
大城市中的袖珍花园
p.34

PART 5
从6个关键点
成就小花园的实力物件
p.40

左/与起居室相望的开放式南向阳台花园。颇具设计感的白色扶手椅为小路增添情趣。

右/书房前的阴面花园。各种个性鲜明的观叶植物郁郁葱葱，别具风情。

即便狭小，也希望把它打造成非凡的空间……

这次我们以园艺设计师吉谷桂子的花园为开篇，介绍日本及世界各国的个性花园。一起来探寻让小空间熠熠生辉的秘诀，让心爱的小花园焕发出自我的光彩，马上开始行动吧！

# 园，大秘密

## 巧妙利用空间让花园熠熠生辉

上/充分活用植物的颜色、质感、外形，形成独特的栽培效果。有着优美曲线的白色扶手椅把绿叶衬托得更加水润。

右/在木平台的边缘造沟填土，让土面与木台的高度一致，这里就成了极佳的种植空间，而且视线不受遮挡，显得宽敞自然。

Area
# 20㎡ VERANDA

SECRET 1

## 高度差

Vertical interval

▼

### 充分利用墙面和围栏打造立体空间

①从阳台扶手向外墙上方拉铁丝并用钉子固定。牵引到铁丝上的葡萄藤，在白色墙面的衬托下清爽宜人。

②在窗外设置窗边种植箱和吊篮，种上花色低调的植物，以姿态纤细的植物为主。

## 被满满的绿色包围的第二起居室 随着季节推移演绎着截然不同的景致

为了让月桂树看起来不过于厚重而进行了几何式修剪。保留了最中间的枝叶来使植株底部不显得过空。

吉谷女士家紧邻起居室的阳台向南，通风条件很好。正是得益于这适合栽种的环境，女主人有了“把阳台打造成类似地栽的环境”的想法。在木台的边缘留出纵深40cm、横宽960cm、深30cm的沟，在里面填满土。

“我把常绿、株形规整的丝兰和针叶树当作花园的骨架，把它们作为地栽的中心。”为骨骼填充血肉的则是美人蕉、彩色马蹄莲等植物，它们既有纹理，又可以开出很有季节感的花。在设计中充分考虑到彼此的协调感，并最大可能地展现出每种植物的魅力。

为了让阳台的有限空间充分展现，要避免使用会带来压迫感的结构物，采用铁艺或铁丝等没有过多存在感的辅助物，让植物成为空间的主角。“首先注重植被的生存条件，然后在最大限度地发挥植物的色彩、形状、质感的前提下进行搭配布局，打造出张弛有度的空间。”

SECRET 2

# 点·线·面

Point line and respect

## 利用植物的特点 打造整体的协调性

①从上方欣赏阳台的效果，瘦高的针叶树勾勒出简约的线条，金边丝兰则起到收敛空间的效果。

②在猫薄荷旁搭配丝兰，古铜色叶子的美人蕉则与银色叶子的朝雾草相映成辉。在相邻植物的选择上需要从颜色、形状、质感的角度细心搭配。

①

②

A great secret of small garden

SECRET 3

# 季节花卉

Flowers the season

## 栽种的植物基本不变 随着季节变化不断变化色彩

在阳台地栽空间里使用的是“生物黄金土”。较轻且不易烂根，可以保持植株强壮，而且耐用时间比较长。

③④⑤

③春天从起居室望出去，阳台上群植的郁金香、洋水仙、三色堇争芳斗艳。这时是最好的赏花季节。

④在夏末到初秋时节，开花的植物较少，这时蓝目菊（*Osteospermum*）一展芳容，植株反复开出糖果般的花朵，非常可人。

⑤在初夏季节里，即使只有一株百合也可以营造出非常豪华的氛围，为阳台增光添彩。开出高雅黑花的蓝盆花也是吉谷女士珍爱的品种。

SECRET 4

# 观叶植物

Leaves

## 耐阴植物是观赏价值高的美叶宝库

工作间歇望向自己的花园会感觉心情非常舒畅。"有时只是看看那些自由伸展枝叶的植物，不知不觉就走到花园里去了（笑）。"

①博落回（*Macleaya*）。虽然这种植物在日本经常被当作杂草，但在英国有它的种苗出售，其银色的茎叶非常优美。

②斑叶八角金盘。叶形独特，其美丽的如喷绘的斑纹让植株即使在阴处也可以将花园映衬得明亮可爱，为花园带来优美旋律。

③绣球'柠檬波浪'（'Lemon Wave'）。开出白色的清丽花朵，不开花的时候叶片带有柠檬黄色的花纹，是非常好的赏叶品种。

### 书房前的阴面花园仿佛是一处植物实验室，可以尽情欣赏各种不同的叶片效果

用过路黄覆盖整个土面。一大株筋骨草与过路黄在颜色、质地上都有鲜明的不同，形成有趣的对比效果。

书房前的花园可以说是吉谷女士的私属领地。这里是在花园与房间连接处打造的地栽花园。"这里有很多非常耐阴的植物，它们需要进行光合作用，所以很多都有着颇具个性的大叶片。"

这里与阳台不同，主要是为了观赏而打造的空间，只要是植物，就都想种在这里试一试。所以也可以说这里是园艺研究者的实验场地。如果想要了解植物的性质和栽培过程中的变化，最好的办法就是自己实际试一试。这里是主人经常出入的地方，也是与植物亲密接触的最佳空间。因为这里既方便接触，又容易对整体一览无余。"对于玉簪等一些体格越长越大的宿根植物来说，要注意在没有长到让人棘手的程度时就开始分株或修剪。"有些品种可以连盆一起栽入土中，这样可以有效抑制株形过大的问题。

对植物的爱心和好奇心，也许正是打造考究的小型花园的最大秘诀吧！

①初夏是花园最美的时期。各种颇具个性的植物组合在一起，充分展现各自的颜色和质感，郁郁葱葱，相得益彰。

②朋友家分株得来的玉簪‘切尔西’，叶片油亮可人。在秋天开花季节，空气里会飘来沁人的幽香。

**Topics**

## 花床里绚烂多姿的植物 为颇具时尚感的房子增色不少

玄关附近是非常重要的花园阵地。作为标志树的欧洲栎（*Quercus robur*）和阳台花园上用于遮挡视线的具柄冬青（*Ilex pedunculosa*）给混凝土造的房子带来柔和氛围，使其显得非常时尚。在花园的外围以围栏的形式设置了花床，栽种的花卉四季交替，展现出各种美好景致。“尤其期待玫瑰盛开的春季！”

SECRET 5

# 纵深

Depth

## 巧用栽植的视觉幻术 营造深远感

③在栽培空间的最近处种植株形大、独特性强的玉簪、新西兰麻等，有效强化了远近感，打造出深远的效果。

④用枕木按照20cm的高度差设置3层，可以兼做踏板。稍稍倾斜的角度凸显出宽敞深远的效果。

**A great secret of small garden**

PART 2

## 不纠结空间问题！

# 渲染个性色彩的小型花园

即使是小空间，也可以拥有出色的花园……
这里介绍各种充满个性创意的花园。
每处根据空间不同，选择合适的植物和搭配小物。
着眼细节之处，发挥极致用心。
小小的花园会越来越有感觉，焕然生辉。

在后院入口等花园的点睛之处设置拱架，别具风情。这也正是藤本月季舒展身姿的好地方。

在最受注目的入门小路处汇集了多花的玫瑰和各种一年生草花盆栽，不仅打造出画布效果，还配合季节变化形成了不同的搭配。

Area

12㎡

**A great secret of small garden**

## 充分利用房子周围的细长空间 用花与绿色植物包围起来

Yoshiko Kaji
加治良子 ● 京都府

不用的物品稍稍加工就能成为很好的花园艺术品了。捡来的儿童三轮车是女主人的最爱。

起居室前的露台上放着长椅，长椅前叠放着两个电缆盘，既可以当作茶几，又可以兼做遮阳伞底座。院子里种的树有效地遮挡了公共道路上看过来的视线。

房子西侧的狭长通道有一面纯白色的花园墙，成为视线的焦点，这是主人亲自设计的作品。

加治女士的家位于宁静的住宅区一角，可以说是“被花与绿色植物包围的房子”。在房前留出两个车位后，可以作为花园的只剩下进门小路的两侧和围绕房子的狭长空间了，所以她就想到了“尽量减少种植面积，扩大露台……”的方案。尽管如此，女主人还是把院子都做成了花坛，在剩余的空间里摆放长椅和桌子，虽然不够宽敞，但也创造出了轻松的一隅。

“长高的树可以遮挡从公共街道而来的视线，这样我们就可以在各种自己喜欢的花草包围下轻松品茶了。”

房子西侧的过道打造成背阴花园，后院设计成特别的花园墙，使狭长的院子各个角落都显得精致美好。

随意摆放的小物件与植物自然融为一体。院子里的小物件基本都是手工制作的，显得拙朴，别具风情。

小却彰显个性的诀窍

CONCLUSIVE EVIDENCE

# 充分利用阳光充足的前院 阴面的后院也不能遗漏 树木+地被草+盆花打造出丰富充盈感

## 在门口两侧展开的前庭花园

由于这里的空间是横长的，所以选用黄栌（*Cotinus coggygria*）、针叶树及大花四照花（*Cornus florida*）等树木架构出整体高度，同时从阳台垂下藤本月季。

## 在后院一角设置功能区

在后院的一角放置架子用来储物。深处则摆上桌椅，可以喝茶小憩。

## 利用细长的植物和花盆装饰狭窄空间

为了种植更多的植物，特别选择了那些细长的品种。另外，将它们种植在花盆中，也是控制其过度生长的方法。

## 在入口的门边装饰花格

入口旁的小路边设置花格，让藤本月季攀爬其上，这里选用的是只有春天开花的品种。不开花的季节里可以在花格前用各种植物的盆栽变换搭配，打造出变化丰富的景致。

加治女士的造园诀窍是用偏高的树和垂吊的配草打造郁郁葱葱的空间，再在其间加入各种盆花。

“这样可以在不同的季节更换盆花，使花园中总有各种花在开放。而且种在盆里更容易使小空间里容纳更多的品种呢。”

另外，她还使用拱门和花架牵引藤本花卉，打造出立体的效果。这也是小空间造园的好方法。

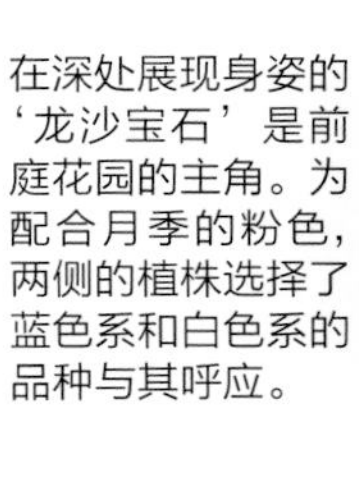

在深处展现身姿的‘龙沙宝石’是前庭花园的主角。为配合月季的粉色，两侧的植株选择了蓝色系和白色系的品种与其呼应。

## Plants List

### ‘龙沙宝石’

虽然这里的玫瑰品种超过45种，但单季开花的藤本月季‘龙沙宝石’依然是其中当之无愧的主角。这个品种的花朵中心为浅粉色，花色美丽，品性强健。

### 飞燕草

毛茛科，耐寒，多年生植物，当一二年生植物栽培，长长的花茎上开出很多花来。喜日照好、排水性好的地方。

### 常春藤

易养护、好繁育，作为搭配绿植利用价值非常大。而且有很多品种，拥有不同的叶形和斑纹。

在北侧后院，墙壁和地面沙砾都选择白色，打造出明亮的效果。铁艺长椅和一些小饰品为这里营造出了南欧风情。

后院
12㎡

“即使是朝北的空间，我也忍不住做各种各样的尝试！”房子北侧被遗忘的角落与后院一起，都被打造成具有南欧风情的庭院。

“我们刚买这处房子的时候，因为害怕虫子，完全没有着手园艺的兴趣。但现在入迷到为了多看看园子里开的花，每天早晨5点就起来侍弄花园了！”

从入门玄关通往起居室前露台的小路。这里的白色遮阳伞成为视觉焦点。小路的地砖是加治女士和先生利用几天时间亲自铺成的。

在庭院里各种朴素的摆件随处可见，原本只有植物的细长空间略显单调，这些物件起到了很好的点缀作用。

GARDEN DATA

**月预算** ● 没有确定

**今后的计划** ● 为来到自家小店“Tina”的客人提供休闲放松的空间

**现在关注的植物** ● 铜叶法绒花(*Actinotus helianthi*)

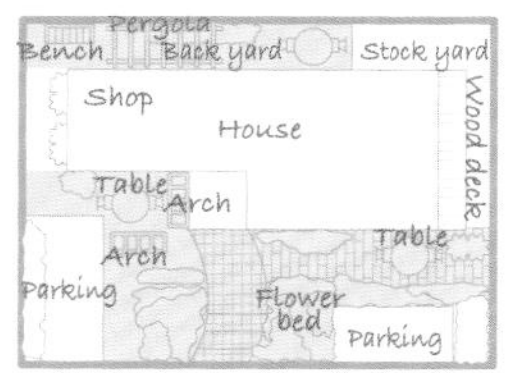

Area

# 12㎡

**A great secret of small garden**

# 朴素清爽的花园是可以激发灵感的治愈空间

Akiko Mori **大森明子** ● 千叶县

右/在阳台西侧设置的藤架是这处花园最精彩的空间。在顶头设置装饰木门，在木门下装置台阶，打造出可以拾级而上的纵深感。

下/把一些容易打理的多肉植物栽入朴素的木箱中展示。喜爱杂货摆件的女主人用心为植物分别选择了不同的容器。

阳台被打造成一个朴素的小花园，即使种了很多植物也不显得拥挤。营造出清爽意境的秘诀在于巧妙利用空间。

引人注目的是墙面的充分利用。这里的墙面并不是让藤本植物胡乱地爬满一面墙，而是采用室内设计般的展示，这也是这处花园最大的特色。

将简约的木制棚架、打掉底的木箱、梯子等当作收纳架和花盆架使用。植物的选择方面，选择了与小型花盆协调的叶片纤细的多肉植物种类，使人充分欣赏到株形与叶色之美。而一些花盆也是采取了“装饰性收纳”的形式。

女主人说：“正是因为小，所以才能更随心所欲地设计。”这里不仅处处可以感受到主人汇集喜好之物的态度，还能体会到整体的协调性，可谓是一个平和舒适的自在小天地。

# 兼顾收纳和装饰的和谐搭配 把花园打造成清爽闲适的空间

● 小却彰显个性的诀窍

CONCLUSIVE EVIDENCE

## 在呆板的墙面上用各种花园杂货和工具营造出旋律感

安装简易隔板，把瓶瓶罐罐摆放得美美的。墙壁刷成白色，再让花叶地锦攀缘而上，营造出一派清爽宜人的景致。

## 让植物们在架子上排排坐 充分彰显各自的个性

在墙面前设置较窄的花盆架，摆上各式花盆，再种上仙人掌等各种绿色植物，营造出绿色居室的感觉。

## 让存储空间也变成营造景致的元素

把柱子背后的一角当作放置花盆和工具的空间。同时用手工制作的花园杂货来装饰，与花园整体的氛围搭配得十分协调。

## 采用通透的展示方式 营造出空间的宽阔感

在用木箱搭起来的架子上装饰紫叶鼠尾草等观叶类植物。可以透过无底木箱看到后面的景致，打造出通透的视觉效果。

## Plants List

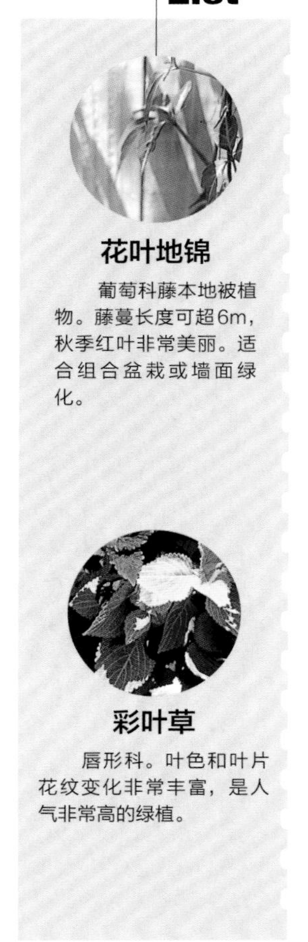

**花叶地锦**

葡萄科藤本地被植物。藤蔓长度可超6m，秋季红叶非常美丽。适合组合盆栽或墙面绿化。

**彩叶草**

唇形科。叶色和叶片花纹变化非常丰富，是人气非常高的绿植。

凉亭下的地板制造出阶梯差，铺上枕木，用心打造出纵深感。主人正是在小小的空间里利用自己得意的DIY手艺，玩得不亦乐乎。

## GARDEN DATA

**月预算** ● 没有确定

**今后的计划** ● 打造回收再利用花园

**现在关注的植物** ● 观叶类

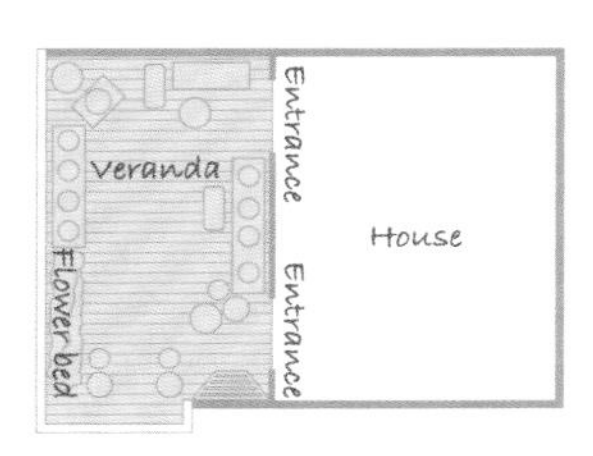

上/用复古风格的花盆栽种黑法师、石莲花等多肉植物的组合盆栽，装饰在玄关前。地球仪状的花架为稍显拥挤的空间增加通透感和层次感。

右/这里的花园原来只有一片草坪，之后主人自己动手增加了墙板、水龙头壁、踏步石等。

Area

# 16㎡

**A great secret of small garden**

# 用醒目的观叶植物建成的私家植物园

Mieko Seyama **濑山美惠子** ● 埼玉县

在濑山女士家的花园里摆放着各种各样的花盆。藤蔓植物在原本略显孤单的花盆之间舒展枝叶，打造出被绿色包围的舒适空间。

女主人说：“我一遇到特别的植物就忍不住买回来。”她在这处小巧的花园里培育了很多植物，但这里并没有显得杂乱无章。这是因为各处栽种的彩叶植物为空间营造出了很好的节奏感，使视线集中在蟆叶秋海棠等植物的美妙叶片上。

用心摆放在花园各处的不同形状和颜色的花盆也是这里的特色。这些景致的背景是主人夫妻俩手工DIY的墙板和水龙头壁。这样的背景添上高低错落的花台，打造出丰富的立体感。

正是因为这里空间比较紧凑，所以经常可以与自己最喜欢的植物亲密接触，就好像是女主人的私家植物园。

小却彰显个性的诀窍 CONCLUSIVE EVIDENCE

# 利用纵深和花盆的高度差 兼顾植物的特性 打造出花草包围的空间

## 把喜爱的花盆展示出来，缓解空间的压力

让火棘爬满自己DIY的墙板，上方的花盆和鸟笼起到了吸引视线的效果。壁龛的凹陷处也起到缓解空间压力的作用。

## 外圈也打造成花园，整个房子成为被绿色包围的空间

在外墙上设置花池，用各种植物装点起来。使用垂吊植物和较高的花盆营造出纵向线条。

## 被植物包围的水龙头壁成为视觉焦点

这里是可爱的小鸟龙头的展示舞台。在上方放置大花盆，在旁边搭配小花盆。让薜荔（*Ficus pumila*）攀爬在红砖上，营造出一体感。

利用绑线控制枝条不长得过散。支柱上的圈圈绑线与支柱顶端的红陶圆柱头搭配起来，增加了不少小情趣。

## Plants List

### 美人蕉

美人蕉科。夏日里会开出非常鲜艳的花朵来。叶脉很有魅力，有的品种叶上有斑纹，或叶片为褐色。

### 西番莲

西番莲科。不仅花形特别，形似手掌的叶片也非常有特色，是适合栽种在栏杆或拱门的藤本常绿植物。

### 蟆叶秋海棠

秋海棠科。根状茎海棠的一种，日照较少时也可以正常生长。

## GARDEN DATA

**月预算** ● 8000日元

**今后的计划** ● 想简化花园并打造成基本无须打理的花园

**现在关注的植物** ● 羊齿类、剑叶

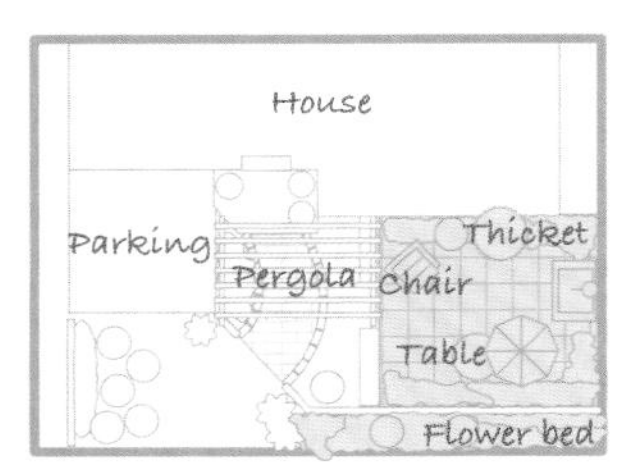

Area

# 15㎡ A great secret of small garden

Tomoko Taoka **田冈智子** ● 东京都

## 用曲线美的设计凸显植物的自然轮廓

女主人说："我喜欢英国乡村风格，所以想尽量营造出自然的效果来。"虽然花园很小，但还是设置了木平台，搭配上各种植物，一点也不突兀，显得非常和谐美好。这里采用了贯通角落的设计，木台是后搭设的，在设计时特意留出了栽培处，栽种了白色藤本月季'夏雪'，开出的白色美花仿佛是浮在墙面上的。此外还腾出空间种植了芳香的瑞香花，营造出让植物彼此簇拥的效果。一旁是呼应木台而铺设出曲线效果的红砖小路。这里通过利用各种曲线为单调的空间增加深远效果。

外围采用与木台同样的材料制作围栏，并让植物攀爬其上，让花园被绿色包围起来。春季赏玫瑰，夏季观绣球和紫薇花，秋季里金黄色叶和红叶更是让人尽享季节色彩。"有空的时候，我也会把采来的蛇莓之类的种子种到自己的园子里。"女主人说，停留在花园里的时间越来越多了呢。

将花园中的绿被植物做成组合盆栽，摆放上。近处选用低矮的盆栽，远处选用高一出层次来，可以有效营造出深远感。

穿过月季'夏雪'和瑞香花，可以看到茶桌。木台逐渐收窄的设计显得深处更宽敞。

# 在外圈上下功夫最大限度调动植物的特性
# 通过素材和色调搭配
# 使建筑物与植物融为一体

## 在空间有限的地方有效利用流线型设计

把小路用红砖铺成流动的曲线，配合曲线形的木台，给人闲适的感觉。这里空间虽然不大，却实现了颇有节奏感的设计。

## 木台的周围也巧妙地搭配了各种植物

地栽的藤本月季在墙面攀爬绽放，为茶桌添彩。在木台上集中摆放很多花器，让木台本身也生机勃勃。

## 利用木质网格围栏，在立体空间欣赏各种植物

在围栏上牵引素馨叶白英（*Solanum jasminoides*）等藤本植物，并在上面挂上吊篮栽种各种花草，打造出绿色的围栏。

## Plants List

### ‘龙沙宝石’

这是花形与古典玫瑰非常相似的高人气藤本月季品种。单季开花，花带粉色，有香味，坐花效果好。

### ‘纸月亮’

这是半重瓣的丰花月季。花瓣前端外翻，花形独特。虽然枝条横向展开，但整体株形比较紧凑。

这里是女主人和婆婆一起亲自铺就的小路，使用3种颜色的红砖铺成柔和的曲线，增加了通向深处的期待感。

## GARDEN DATA

**月预算** ● 没有特别的计划

**今后的计划** ● 让玫瑰的枝条从二层垂下，增加花园的立体感

**现在关注的植物** ● 果树

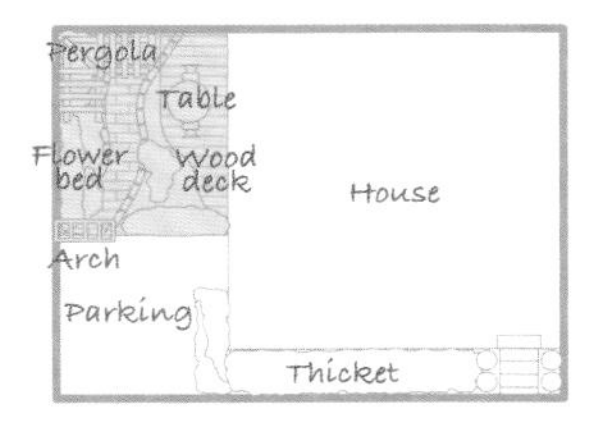

Area

# 15 ㎡

**A great secret of small garden**

# 把幼时记忆里的原野风景展现在眼前 打造自然风情的屋顶花园

Aikeo Kawamatsu

**川松爱子** ● 神奈川县

## ● 小却彰显个性的诀窍 CONCLUSIVE EVIDENCE

## 完全追求自然风景，最大限度利用植物的风姿

### 覆盆子的枝条缠绕在旋转楼梯上，果子成熟的时候可以拾级而上，层层采收

在通往屋顶的旋转楼梯上攀爬着水灵灵的覆盆子，让原本冷硬的铁梯增加了一份柔和，让人对上层充满期待。

### 郁郁葱葱的植物遮住了围栏，打造出植物森林的感觉

从螺旋楼梯的上方向下看，三层的花园仿佛是一处空中园林。如果来到花园里面，则置身于被花草包围的别样世界，让人忘却这里其实只是普通的住宅区。

### 随风摇■的草叶，演绎出更加自然的风情

柠檬香茅的叶片碰擦发出的沙沙声，散发出野趣盎然的风情。大株草丰满茂盛，显得张弛有度。

左/被爬山虎盖满的宅邸。阳光透过绿色的叶片从窗口洒进房间，非常迷人。秋季则是一片红叶，别有一番风情。

下/顺着螺旋楼梯拾级而上，可以来到位于四层的花园。春季甚至可以夜观紫藤，这里种的白色紫藤非常茂盛，花园里还随意摆放着一些手工罐子和艺术品。

## Plants List

**天仙果**

夏季会结出类似无花果样果实的桑科榕属落叶灌木。果实红色，偏小，稍带甜味。

**红车轴草**

这是自然界里常见的野草，种下后每年都会自生出来。花期很长，从春季到秋季都会开出朴素的粉色可爱小花。

**千屈菜**

自生于野外湿地或田埂上，营造出一派野趣风情。夏日里粉色花穗在风中摇曳，很是妖娆。

## GARDEN DATA

**月预算** ● 不固定

**今后的计划** ● 更加充实一下四楼

**现在关注的植物** ● 结果的植物

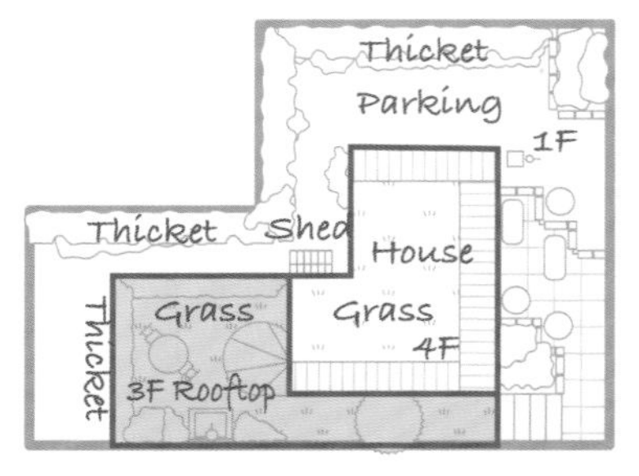

川松家的外墙是用普通的混凝土建造的，墙面爬满爬山虎。由于主人从事美术类工作，所以在室内也有很多艺术品、美术书籍和植物点缀。

川松从小在亲近大自然的环境下长大，受父母的影响特别亲近花草，喜爱植物自然舒展身姿的魅力。几年前家附近的树林被砍伐，她感觉家里一下子热了很多，加上自己对植物的热爱，决定对屋顶进行降温改造，同时将其打造成屋顶花园。于是她请专业人士在这里铺设轻质土，并贴了草坪，之后又自己一点一点地增加中意的植物。把捡来的橡树种子埋在土里，现在已经发芽并长得很高了，还有很多野鸟带来的野草也在这里茁壮共生。

在这样的自然景色中，随意摆放一些艺术品和古董，人与自然的和谐魅力在这里温馨展现，置身其中，更让人陶醉于温暖的感性美。

Area

# 14㎡

## A great secret of small garden

# 植物们备受宠爱　闲情满溢的温馨空间

前川祯子 Teiko Maekawa ● 东京都

二层的露台花园。虽然有很多植物，但摆放巧妙，一点都不显杂乱，色彩搭配也很和谐。

玄关 6㎡

从花店买来的复古风土豆箱。箱子横放或者竖放，都可以当作花台来利用。箱子的颜色带有古旧的质感，与多肉植物的颜色非常协调。

从车站附近的繁华街道转入安静的住宅区里，可以看到这处满是花草的空间。前川家两年前搬到了这里。刚搬来时，新的花园设计是请专业的花园设计师和造园师完成的，之后的植物栽种都是主人亲力亲为的。

这里浅色的花朵静静开放，营造出浪漫的氛围。外墙、围栏、进门处、二层露台的植物相互呼应，很好地实现了一体效果。

玄关前的白墙背景下演绎美丽的绿色，而铁线莲的紫色更是抢眼。整片木香清爽宜人，秋日里还可以欣赏到双花木（*Disanthus. cercidifolius*）的满树红叶。

在木制围栏上牵引藤本月季‘维多利亚女王’，并在低处用宿根草作地被，打造出多彩的立体空间。大戟的黄绿色为这里的花坛起到很好的点缀作用。

这里分为主庭的栽种区域、停车场旁、入门处、二层露台等各处小区域。因为每种植物各具风情，所以需要使用各种元素将植物们有机联系起来，打造出整体统一的效果。女主人说：“关键是要让各种植物调和起来。”她用彩叶草等观叶植物打造出的魅力背景非常耐看。植物种下后的形态也会随时间而变化，今后的景致更加令人期待。

白花山野草装点的雅致入门处。将山野草组合盆栽高低错落地放置，恰到好处地拉开彼此间距。

# 在各处安排植物 让建筑物被绿色的线条包围起来

## 让藤本植物攀爬在二层的围栏而打造植物的立体空间

在二层露台的木制围栏上牵引花叶地锦，不仅增添二层的生机，而且可以起到与玄关区域植物协调一体的效果。

## 大气的标志树为入口带来轻盈的动感

在大门一侧的标志树是枝条随意伸展的野茉莉，开白花的铁线莲随意地搭在上面，让这里成为视觉变化的中心所在。

## Plants List

**铁线莲‘绿玉’**

花瓣白色，花心浅绿色。楚楚动人，与和式花园也很协调。属佛罗里达系。

**藤本月季‘品红’**

成簇开出品红色多重瓣花，枝条为半藤本垂枝状态，需要牵引。四季开花，浓香。

## 门口处摆放大花盆，让室内外自然相通

用多年前买来的小盆栽做了组合盆栽，竟然养得很大了。让室内外连通起来，显得房间宽敞明亮。

## GARDEN DATA

**月预算** ● 3000～5000日元

**今后的计划** ● 刚开始造园，非常期待多年后的效果

**现在关注的植物** ● 玫瑰、铁线莲等几乎所有植物

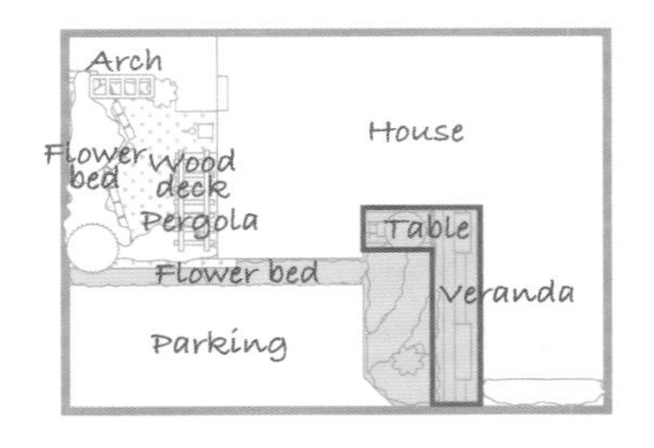

Area

**4.5**㎡

**A great secret of small garden**

# 颇具温情的白墙+绿植 打造出室内效果的空间

Kazumi Takeda

竹田一美 ● 东京都

这里是不必介意外来视线的令人心情放松的花园，主人可以在侍弄花草的过程中稍事休息，享用茶点，是生活中必不可少的存在。

● 小却彰显个性的诀窍 CONCLUSIVE EVIDENCE

## 点缀式的栽种方式营造出柔和的氛围

上/在墙面上装饰常春藤等垂枝的绿色植物。复古风的花盆挂在墙上起到协调的装饰作用。

下/在角落里设置与墙面同色的收纳空间和放水的地方。铁皮桶和套盆也统一成白色，可以把绿色映衬得更加清爽。

### 地被、树木、组合盆栽等在空间中和谐搭配利用

考虑植物整体的平衡进行搭配，充分利用白色背景墙缓解狭窄空间的压迫感。

**Plants List**

**加拿大唐棣/六月莓**

从发芽到开花结果，直到红叶，一株植物有各种观赏效果，株形紧凑，非常适合小型花园。

GARDEN DATA

**月预算** ● 1000日元

**今后的计划** ● 想从种子开始育苗

把房子的外围也种上植物

**现在关注的植物** ● 小浆果

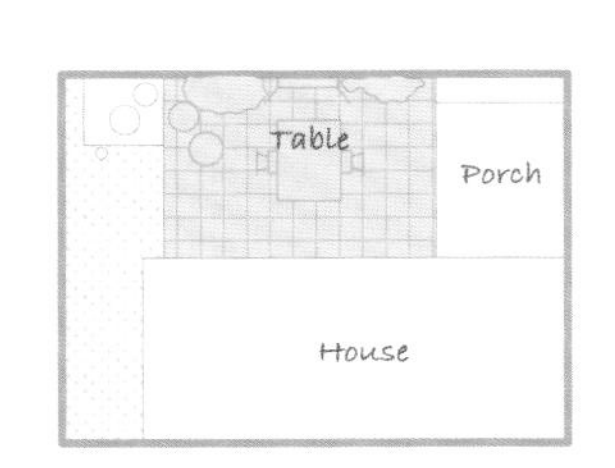


在起居室和邻居家之间不足5㎡的地方是竹田家的小花园。设计和施工委托“BROCANTE”来完成。

完工后是“一个小房间的感觉”。表面利用砂浆做成复古砖砌效果，并设置了百叶门进行装饰，营造出温暖的氛围。而且百叶门和桌椅都选用了绿色，将整体的色调统一成“白×绿”的效果。地面上铺设与起居室相似的地砖，营造出与室内相协调的感觉，显得更加宽敞。

在栽种方面的主要用心在于“不单调地摆放盆花”。在地砖的一隅会种下勿忘我和假马齿苋等地被植物和小浆果等，在花架上摆放常春藤等清爽风格的组合盆栽，并在墙上搭配吊盆。通过这些明快的搭配，打造出了小却舒适的空间。

这里是登上两层台阶的结构。平时可以作为一个房间，成为全家人放松的空间。由于设置在花园之中，可以充分与自然亲近。

暖房设置在面向道路的地方，所以选择了较高的墙壁以遮挡外来的视线，可以在这里享受悠闲时光。

**利用“Cocoma”实现梦想**

# 在小空间中享受私家时光

设计/堀江直子

在花园的四季变化中享受和家人在一起的时光……

离植物很近，“Cocoma（一种过渡性休息间的名字）”让人感觉就像在家里，即使是很小的空间也可以享受珍贵的幸福时光。

四口之家的K女士一家在建新居的时候栽种了蓝莓等树篱。女主人说：“有了自己的小花园，就盼着生活中能与植物更亲近。”主人希望能将起居室与花园之间的空间打造成一处放松空间，于是联系了“我乐庭”。他们为其量身打造出了“Cocoma”这种将室外与起居室融为一体的休息间。

为了配合狭长空间，女主人选择了两端开门的类型，这种设计连接了起居室和花园，让人从春到秋可以一直与绿色相伴，冬季则可以在这里享受阳光。

“面向道路的一侧选择了高墙，真是非常好的决定。”正是这面墙挡住从道路而来的视线，让一家四口非常放松地享受家人时光。

GARDEN DATA

| | |
|---|---|
| **面积** | 约19.8㎡ |
| **月预算** | 没有确定 |
| **今后的计划** | 夏季花园烧烤<br>秋冬在“Cocoma”晒太阳 |
| **现在关注的植物** | 六道木(*Abelia*) |

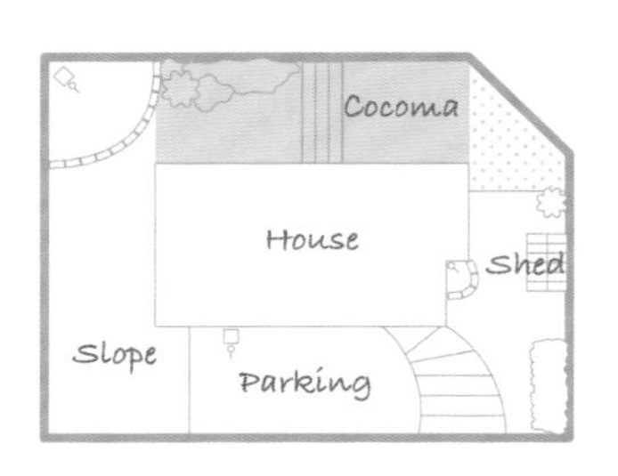

# 让原本的死角大变身<br>夏季亲近植物，冬季享受阳光

After

## 孩子非常喜欢的温馨空间，打扫也非常简单

可以兼做阳光房，在“Cocoma”里充分放松享受。打扫起来也很简单，只要在瓷砖上铺毯子就可以营造出坐在房间里的感觉了。

## 与起居室连通打造开放空间

从室内看去“Cocoma”与起居室融为一体，在不破坏整体内饰风格的前提下扩展了私人空间。

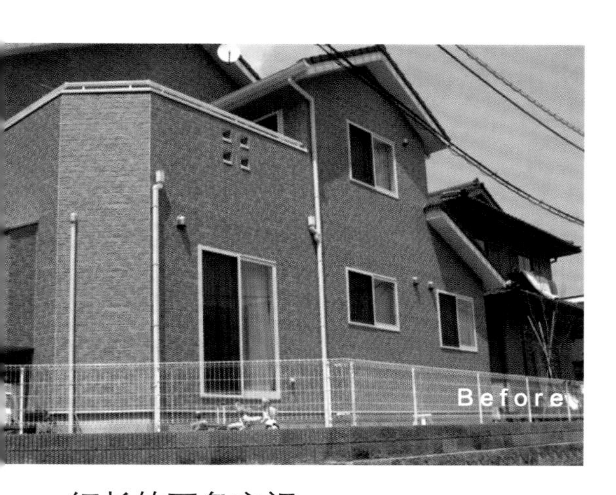


## 细长的死角空间变身放松宝地

在起居室外的花园里有效设置“Cocoma”，通过设置较高的外墙而创造出了一家四口的私密空间。

## 用遮阳棚遮挡直射阳光，打造各季节都很舒适的空间

这里的遮阳棚可以有效遮挡直射阳光，防止“Cocoma”内部的温度上升。可以根据季节气候变化手动开合，轻松营造出各个季节都舒适的空间。

PART 3 # 向人气 SHOP 学习

## 潮园一点通 Step up 搭配

让人不知不觉中停下脚步，被植物包围的绝美店铺。

这里将向三家人气店Afternoon Tea TEAROOM、BROCANTE、Quil Fait Bon请教造园技巧，找寻在自己家中也能实施的好办法。

●阳台/露台（Afternoon Tea TEAROOM）

●小型地栽花园（BROCANTE）

●入口玄关周边（Quil Fait Bon）

介绍店内陈设配合在各个空间造势的方法。

这是向人气店铺学习软装设计精华的绝好机会！

有效利用这些方法，提升整体效果，一定可以打造出精美的花园来！

❶利用地下一层的位置特点，从楼梯到店入口处都下足功夫，每个月都会更换主题，安排新的设计。

❷在楼梯旁边放置朴素的椅子作为装饰。在选择家具和杂货时会注意兼顾植物的自然氛围。

❸ 特意把木制套盆刷上白漆，一点点用心带来温馨氛围，与盆中种植的迷你月季的叶色非常协调。

DATA
地址/东京都中央区银座2-3-6 B1F

可以享用美好的下午茶的舒适小店，在东京闲逛时务必一游。

④ 粉色的可爱蝇子草装点着木质的古朴箱子，在展示中表现出的细微感性是值得学习之处。



# Afternoon Tea TEAROOM

银座本店

## 仿佛置身于植物包围之中的空间是露台创意的宝库

### 不用地栽也能提升情调的 3 个方法

在阳台或露台上，有效配置盆花、充分利用建筑物是营造出色空间的法宝。

除了选择盆钵小物，还可以活用墙面，并把家具也利用起来，立体打造一个美丽的角落。

选择植物时，也要尽可能选用有高度的藤本植物或是树木来进行配置。

#### STEP 1 在素材和造型上用心，用花盆和小物件增加旋律感

左/马口铁、红陶和瓷等各种材质的花盆搭配在一起，展现材质的各自特性，营造出整体的节奏感。

下/同类材质的花盆可以制造出整体的稳定感。开粉色花的植物搭配灰色系的容器增加了低调成熟之美。

#### STEP 2 大片墙壁是关键！花格是装饰的好搭档

左/使用这样复古风格的花格，墙面本身就变成一幅画，颇具年代感的设计为旁边的绿树又增加了一层风情。

下/选用吊篮工具装饰，实现风格的变化。把马口铁桶作吊盆挂成一排，打造出清爽的一隅。

#### STEP 3 设置聚集视线的角落为空间营造美好的节奏感

左/在狭窄空间里，将桌椅当作视觉焦点。野茉莉树增加了立体感，玉簪则让画面整体丰满起来。

下/在洗手池里放上种满长毛铜扣菊（*Cotula barbata*）的搪瓷桶，打造出有故事感的小角落。

LESSON 2

# 小型地栽花园

For Ground

▼

## BROCANTE

银座本店

## 将小空间打造成情趣盎然的花园

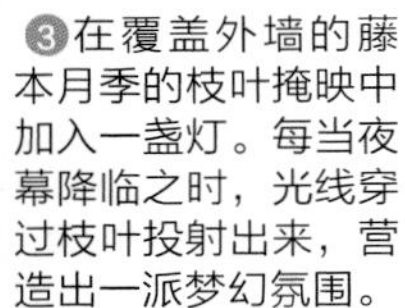

❶从外墙垂下来的是藤本月季‘冰山’。开出的白色美花楚楚动人。把各种颇富情趣的杂货收集在一起，与满是绿色的环境融为一体。

❷大胆地在铁艺桌子放上生锈的椅子当作花台。用小盆香草将其围起来，就是颇有风情的展示台。

❸在覆盖外墙的藤本月季的枝叶掩映中加入一盏灯。每当夜幕降临之时，光线穿过枝叶投射出来，营造出一派梦幻氛围。

DATA

地址/东京都目黑区自由之丘3-7-7

## 让狭小的种植空间提升情趣的两大法门

不要抱怨自己的花园小而且光照不好。

只要根据实际条件选择合适的植物，就可以充分彰显个性，打造出枝叶茂盛的自然效果来。再增加一些中意的杂货和花盆，更会起到画龙点睛的效果。

### STEP 1 运用各种大小的植物打造丰富变化的花园

左/刺槐的存在感超群，一下子就吸引住了视线。在园子的深处种植叶色明亮且量感丰满的彩叶树，可以增加明度和纵深感。

下/使用颇具风情的地砖铺地，不仅富有情趣，而且更方便打理。留出一块砖的地方种上小花，为花园增加小小的动感。

### STEP 2 日照不好的地方也可以享受种植的乐趣

左/有时遮阴处更可以有微妙美丽的色调演绎，通过长椅、植物、罐子的色调搭配，让绿色的丰富变化像调色板一样有趣。

下/在通风和日照都不好的角落里种植强健的常春藤类植物，并配合株形紧凑的山绣球装点角落。

❶ 入口两侧墙边的展示。巧妙使用花盆营造出丰富的起伏曲线，用植物和杂物们把扶手椅围绕起来。

❷ 在光蜡树的树枝上挂上篮子。站在观赏位置上选择了最适合视线高度的树枝，可谓下足功夫。

❸ 以车轮为中心，配合常春藤和白妙菊等植物打造出野趣效果。用木箱框起欧石楠，增添了独特感。

LESSON 3

# 入口玄关周边

For Entrance

▼

## Quil fait bon

银座本店

## 精心搭配打造欧洲田园风情的前庭

## 提升最容易被人关注的玄关入口处的格调

迎宾处随时保持最漂亮的状态。

即使空间小，又不能地栽，也可以利用树木的枝条打造出高挑的感觉来。再加上别致的杂货和小物件，可以制造出既有趣味性，又不失规整感的空间。

DATA

地址/东京都中央区银座2-4-5

### STEP 1 以欢迎树为主题搭配观叶植物增加量感

左/在橄榄树下搭配常春藤等常绿植物。质朴的梯子既是工具又可以做支柱，为角落增添几分趣味。

下/右边是橄榄树，左边是木兰。用不同的树种搭配来打破死板的对称，也是不错的创意。

### STEP 2 使用新颖的杂货打造个性焦点

左/在光蜡树上挂上衣架和木框，打造出有生命的艺术品。带着玩心用这些室内饰品来装饰，让来客不禁莞尔一笑。

下/在旧的面粉罐子里种上迷迭香。有限的空间里精心选用小物件，可以起到调节整体情调的作用。

PART 4 伦敦/巴黎大发现

# 大城市中的袖珍花园

伦敦、巴黎的潮流人士怎样打理自己的小花园呢?

如果你能从各国的小花园中得到启发，一定可以打造出别具风情的花园来。

下面，我们就一起来看看外国城市中4座绿意葱茏的个性花园。

生活在伦敦附近的网球名城温布尔登的卡兰是从8年前搬家时开始着手园艺的。卡兰女士说："开始的时候我没有什么兴趣，但是参观了喜好园艺的朋友的漂亮花园后，自己也忍不住动手试试了。"刚搬来的时候后院就是一片空地，主人把它当成一块纯白的画布，打造出了现在这样风格满满的花园。

造园是从画设计图和制作模型开始的。卡兰本身是制作伦敦剧场里的小道具和舞台装置的艺术家。从事制作和设计的专业人士在造园上自然也不同凡响。

设置花坛及台阶等处的高度差是为了有效利用小空间。花园家具都统一为朴素的颜色，藤架和木门漆上同样颜色的油漆，通过调节颜色的平衡打造出统一和谐的空间。

独自生活的卡兰的强大帮手是附近的邻居们。他们帮忙运砖头、选植物，英国人对园艺的热情由此可见一斑。卡兰今后还打算在前庭和小路上做改造，这座手工花园还在不断地变化，非常值得期待。

砖铺的中庭。为了充分享受英国短暂却美好的夏季，休息日的时候经常会和花友们一起在这里享受下午茶时光。

## 卡兰·果露秀

## 考究的田园风情花园

这里把各种砖和谐搭配起来，其中有棱的砖排水性好，防滑效果在多雨的英国很实用。

用边角料制作的鸟巢，知更鸟等野鸟们是这个不用农药的花园的常客。

把玻璃瓶收集起来装饰在花园里，"阳光或是烛光反射在上面非常漂亮"！

用铁丝吊起来的素烧花盆在这里搭配得很协调，可以当作吊盆使用。花园里的长椅也是卡兰女士亲手制作的。

"从厨房可以直接走到后院来，天气好的时候最适合坐在这里读书。"花坛里选择了一些低调颜色的观叶植物，打造出花境般效果。

# 大城市中小花园的5个亮眼妙招

## 1 放置高矮不同的花盆，有效利用空间

将壶形、圆锥形的花器和马口铁桶，以及各种形状材料的花盆搭配摆放，再利用各种花盆台调整高度，可以让空间看起来宽敞。

## IDEA 2 积些雨水的水槽是聚集小动物的绿洲

中庭的台阶旁有个小小的水池，春天的时候放满小蝌蚪，“它们可以变成青蛙，帮我吃掉花草上长的虫子呢”。

## IDEA 4 颇具设计性的修剪打造出都市特有的干练印象

在进门处的前庭有一处比后院还小的空间。这里被较高的树篱包围，所以里面不再栽种高的植物，而是修剪成圆形或环形，显得非常协调。

## IDEA 3 在遮阴处演绎出各种丰富的绿色

在日照不好的东北侧花坛汇集各种耐阴的观叶植物，虽然开花较少，但通过叶形叶色变化的微妙组合，打造出大都市特有的成熟美。

## IDEA 5 把门和花器漆成同色以增加统一感

将与前庭相连的门和花器、木制的花园物品都漆成了水蓝色，统一的色调给人清爽的感觉。

在一侧设置树篱并栽种较大的树，使这个角落看上去像独栋房的花园。地面上再薄薄地种上一层草坪。

在与邻家相连的地方设置木围栏，打造出平和的环境。实际上背后是一处高层公寓。

阿妮艾斯·克朗

# 原木温馨中可以得到充分放松的公寓花园

## IDEA 打造虽小却可以和孩子一起共度美好时光的空间

从房间走出来上两级台阶，来到木台，这里摆放有花岗岩风格的花园桌和白色椅子。旁边留出了孩子的游戏空间，这样的设置方便大人与孩子共度美好时光。

最近新栽种的橄榄树和柿子树。在角落里装饰了小小的铜像，形成可爱的点缀。

阿妮艾斯是厨房和家具设计师，这里是非常时尚的公寓的一层。主人说："花园虽小，但我希望是一处能够完全放松的地方，所以特意选用木头作为造园的主材。"于是她从2年前开始真正着手设计有木台的花园。这座完全由主人自己设计的花园，最终达到了自己理想的效果。

邀请专业的造园师施工，整体垫土并种上醉鱼草等大株植物。在树篱外制作了木围栏以遮挡外来的视线，打造出放松的空间。同时，主人认为使用木材可以增加园子的温馨感，所以又设计制作了木平台。果然，朴素的木纹和木色让人一下子放松下来。

夫妇俩家里有个小男孩。为了让孩子可以自由玩耍，也在设计上做了相应的考虑。

可爱的小屋和园子里随意摆放的儿童车，让人随时可以感受到孩子的天真烂漫。

放上一把躺椅，在这里读读书，和朋友聊聊天。将当季的花摆放在花园各处，做成美丽的装饰。主人打算今后收集各种开白花的品种。

主人经常坐在画室的桌前，一边欣赏花园，一边完成自己的画作。草坪通年是绿色的，让人看过去心旷神怡。

# 这里是可以画自己喜欢的画、乘凉的绝佳私人空间

## 达尼艾罗·科蒂埃

达尼艾罗是一位录音师，住在布洛涅一处安静的阁楼里。主人喜欢植物多的环境，寻觅多年才找到了自己中意的住处。在这里终于可以自己亲手打理植物，所以感到非常满足。

主人说："我想打造房子与花园无间隔的空间，正在做各种造园尝试。"整面玻璃窗，面前是木板地台。地面上贴了草坪，并在各处种了很多自己中意的日式庭院植物。

虽然植物都还是小苗，但竹子和枫树正在茁壮成长。"这里有和我同样年龄的盆景，和已经有7年树龄的松树。"主人把盆景摆做各种装饰，乐此不疲。

墙边设置了花格，在上面牵引铁线莲，另外还栽种了橄榄树、椰子树、无花果树等主人喜好的树种。每逢休息日，在满是绿色的花园里就会忘却都市的喧嚣，完全放松下来。

IDEA

### 让城市中弥足珍贵的绿色与居室融为一体

用打造居室的感觉来造园。天气好的日子里把窗户全都打开，顿时豁然开朗。看到枫树和竹子的鲜绿，让人几乎忘了自己身处都市之中。

在榔榆盆景和红陶盆小树之间搭配铁艺小桌，洋气且颇有生活气息。这里装饰的大小烛台可以在夜晚点起蜡烛，显得别有情致。

在开花较少的季节里，主人在花园里摆放迷你月季等盆花来增加华丽感。来年打算栽种白色系的香草。有了香草的话，花园的香味会更加丰富。

在露台上摆放木桌，主人有时会在这里画素描。而在素陶花盆里栽种松树也是达尼艾罗自己独特的创意。

在露台上撑起遮阳伞，放上木桌子和大椅子，形成被植物包围的休闲空间。酢浆草的组合盆栽为空间添彩。

在这座充满温馨感的花园里，七叶树和菩提树等树木与洋凤仙和谐搭配，打造出郁郁葱葱的绿色空间。

IDEA 采用法国传统的造园元素打造舒适空间

铺设石头台阶，在旁边种下两排修剪成球形的黄杨，吸收了法式庭院的设计元素，在自然氛围中演绎出都市的简洁风范。

## 可以望到埃菲尔铁塔的花园是被常绿树包围的巴黎特等席

### A先生

住在德洛卡德洛广场附近的A先生最满意的是自家的前庭。从这里向外望去可以看到埃菲尔铁塔，堪称令人艳羡不已的外景地。

主人介绍说，“我想把这里打造成常绿的田园风情的自然花园”，于是把这个想法告诉专业造园师，委托他们实施。最开始的工程是设计自己最喜欢的玫瑰爬满围栏，经过一轮春夏，玫瑰真的如愿以偿地开放了。

这之后又考虑到行动的便利性而用带有光泽的天然石铺设了石阶，沿着石阶栽上精心修剪的黄杨树，为空间赋予了灵动感。

此外，这里栽种的粉色洋凤仙、风铃草、绣球、茶花会交替开放，搭配花园里的众多常绿树，让人置身其中时忘却都市的喧嚣，完全沉浸在绿色的闲适之中。

向花园围栏外望去，可以看到埃菲尔铁塔。而这里的蜿蜒小路，是宁静的一隅。每年5—7月，围栏上会开出一片美丽的玫瑰。

PART 5

# 从6个关键点
# 成就小花园的实力物件

看似烦恼多多的小型花园，它的弱点也正是活力的源泉。
只要把握住重要的6个关键点，你一定可以打造出个性清新的小花园。

KEYWORD 1

## 经典有效的方法
## 纵线条法则

**没有什么地方种植物**

空间问题是小型花园的最大烦恼。使用栅格等物品来引导出纵向的细高线条，就可以让小空间也毫无压力地充满绿色了。

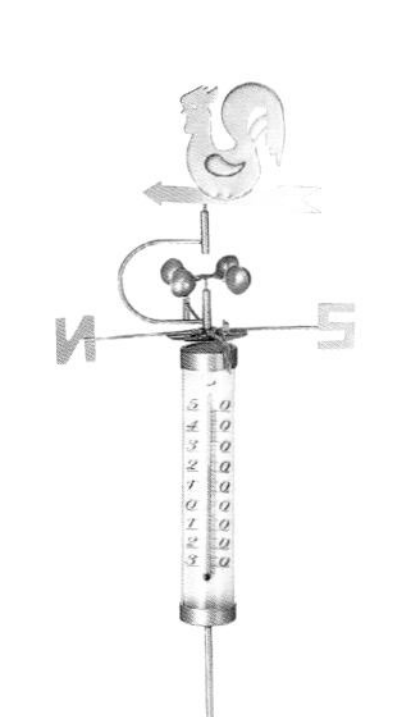

用于插入土中的温度计。外形高挑，不影响植物的观赏效果，而且上方的风向标可以起到将视线向高处引导的效果。

这款栅格可以固定在地面或是搭在墙面上，还可以兼做花盆架，沧桑的效果可以营造出老巴黎的风情。

这是一款可以让藤本植物缠绕其上并展现身姿的花格。宽度只有50cm左右，显得非常小巧。

为了有效利用空间，可以用麻绳捆绑枝条和栅格，不用担心捆绑得过紧而影响生长，反而可以让植物自然舒展。意大利产的罐子非常可爱。

KEYWORD 2

## 一台决定胜负
## 高矮魔法

**如果都是平面的就过于平淡了**

在没有土的阳台或是木台上，经常会把花盆平着排列起来，这种情况下如果加上一个梯子或是架子，可以通过高度差来打造出富有节奏感的花园来。

台阶状的梯子用来放置工具或是当作展示台，显得颇具魅力。不仅打造出高度差，还有增加纵深感的效果。

窄而小巧且设计感十足的铁艺置物架。放上各种花盆可以打造出颇具立体感的角落。上方放置垂吊植物还可以呈现瀑布般的效果。

带套盆的花盆塔。铁艺架子搭配花盆，适合放置高低组合盆栽。搭配的套盆是可以取下来的，非常方便。

KEYWORD 3

## 消除压迫感 增加舒适

**放些东西就感觉挤挤的**

一些墙围或栅格会让小花园显得局促，所以要搭配一些清亮通透的物件来营造爽洁的氛围。

比利时产的铁丝网格灯笼。玻璃的透明感营造出明朗的效果，反射光线也非常漂亮。如果在底部铺上防止烂根的介质还可以作为花盆来使用。

可以轻松放入5号花盆(约25cm盆口径)的花盆台。下方离地的设计带来轻盈感，白色线形的外观也可以达到清爽的效果。

梦想中的花园靠背椅。靠背和脚边都毫无压迫感，是小花园里非常适用的好宝贝。颜色丰富明快，给人自由舒畅的感觉。

设计时尚的扶手椅最适合作为视觉焦点，还可以起到分割出道路的功效。

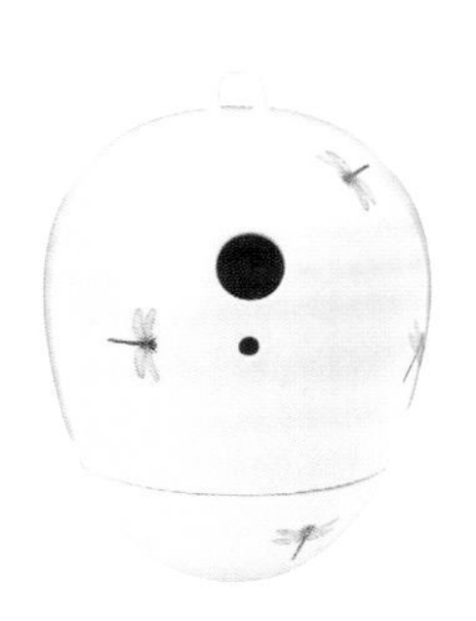

画有蜻蜓的小鸟房子。光亮的质感和圆圆萌萌的样子非常可人，仿佛是浮在空中的水泡泡。

KEYWORD 4

## 营造空间的旋律感

**如果只是植物的话未免略显单调**

在比较狭窄的空间里节奏会显得偏于沉重，像在五线谱上跳跃的音符那样装点一些小物件则会为空间营造出旋律感来。

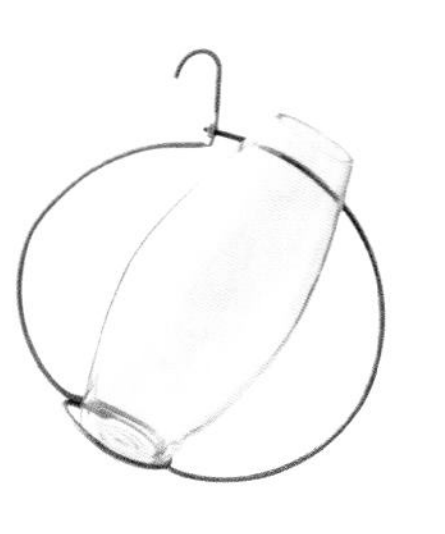

在栏杆或架子上搭配垂吊花器，制造动感效果。可以把修剪下来的花枝直接插花，装饰在身旁。

兼具实用性和设计性的清扫工具。簸箕上的笑脸为花园增添了些许情趣。

KEYWORD 5

## 装饰收纳品 在材料和设计上都颇为讲究

**收纳空间不足，弄得杂乱无章**

在有限的空间中试着选择与植物搭配的精品小件，展示出来别具效果。

**A great secret of small garden**

可以用于收纳各种工具和小花盆的木箱。复古风格的质感与植物非常协调，打造出有故事感的收纳空间。

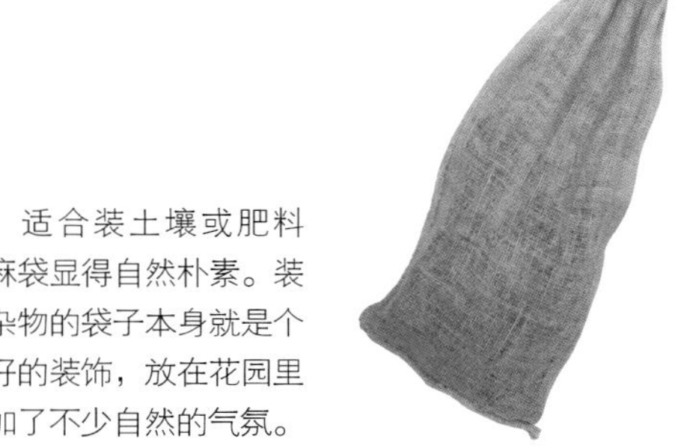

适合装土壤或肥料的麻袋显得自然朴素。装入杂物的袋子本身就是个很好的装饰，放在花园里增加了不少自然的气氛。

KEYWORD 6

## 与百搭选手花盆结盟

**不知如何选花盆**

花盆作为基础用品，可以通过线条及高度等元素的不同而演绎出清爽感，可以从这些百搭选手的丰富品种中寻找适合自己的盟友。

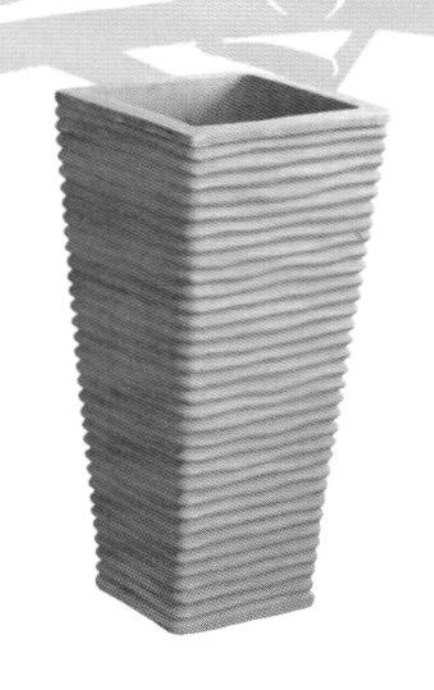

高挑的造型营造出雅致的感觉。可以摆放在比较窄的空间里，也可以在死角里起到增加节奏感的效果。

法国进口锌质花盆。古典风格，在花园里是当之无愧的主角。与株形紧凑的观叶植物搭配起来会比较协调。

用铁丝篮筐吊起来的略显粗糙的吊盆。外形紧凑且重量较轻，可以轻松移动，随意装饰在自己喜欢的地方。

### 效果型花盆

表面着色简单明快的陶盆，其三角形的外观非常富有情趣。如果想低调，把平的一面展示出来；如果要显出个性，把有角的一面转出来即可。

表面线条非常有特色的中型红陶盆。纵向花纹显得简洁明快，而带曲线效果的线条又增加了柔和效果。

### 单品出众的花盆

英国 Whichford公司的系列花盆，形态简洁、着色优美，堪称美人花盆。与其他花盆搭配起来也完全不显唐突。

这是颜色和光泽都有强烈存在感的陶盆。在颜色素朴的花园之中摆放一个这样的红色花盆，可以充分彰显成熟与个性。

### 拓展乐趣的花盆

带有盆底给水系统的花盆，可以减少浇水的负担。表面为重量轻且结实的聚丙烯材料，适宜在室内和阳台间随意搬动。

手工风格的温馨氛围花盆，非常适合用在个性花园中。通过各种大小的组合为花园打造出协调感。

ONE POINT!

### 增加更多灵活性！

比利时进口带轮花盆架，铁艺简约风格。浇过水的花盆会很重，这时花盆架就可以派上大用场了。无论是在阳台还是在室内都可以轻松移动。

喜阳区

花开四季，
蕴藏丰富品种的气质花园

# 之之花园拜访记

文 / 常春藤　　摄影 / 之之

初次见到之之的花园，有种亲切感。随绿手指参观过东京玫瑰园艺展，见到一系列不同主题的花园，每一个花园风格完全不同，却有一个相似的地方，即展现在你面前的花园亲切又自然。每一个花园都是精心设计的，你却见不到人工设计的痕迹，只看到花草在自然条件下自由自在地生长与开放，那么贴合生活，那么舒适。之之的花园给了我同样的感受。她的花园恰是自然状态中的花园，花园里开满了气质淡雅的小花，杂货在花园里随处可见，透出一种令人愉悦的美感。那种意境与淡淡的气息有别于其他花园。

之之的花园，经过6年的沉淀，已经有它自己独特的成熟气质。植物经历自然天气的优胜选择，优异的品种在江南梅雨季和高温闷湿季也能安然度过。6年的时间里，之之不断地思考、调整，如今她的花园像一本厚厚的装订着365页的园艺书籍，每翻一页，就会看到一种开花植物的精彩记录。

喜阳区

喜阳区

※ 日照充足的位置在南向，一处$50m^2$左右的木廊架平台，与其说是休息区，不如说是用月季、铁线莲、天竺葵、蔓性风铃花、草花等喜阳植物和杂货布置出来的优雅的壁面花园。作为从室内延伸到室外的休闲空间，它承担着许多功能，既是花园主人日常喝茶小憩赏花的地方，也是朋友聚会聊天的场所。

○ 花园的位置和朝向

花园面积$200m^2$，西南朝向，呈“L”形。根据光照情况可分为3个区域，喜阳区、水景区和半阴区域。

※ 木廊架的西侧是水景观区，面积20m$^2$。两棵大树的枝干交错在一块，给池塘四周遮了阴。树、池塘、岩石、花草、厚厚的苔藓，共同组成了花园里的自然生态圈。有水源的地方生命更显活致，这里的植物灵秀柔美，线条轻柔跃动，与池塘中漫游的锦鲤一起，撩动人的情思。

※ 锦鲤池的西侧地带，是个100m$^2$的阴生花园。虽处西面，日照良好，却因花园围栏一带里里外外生长几棵浓荫大树，阻挡住了西晒的阳光。这里大部分区域有斑驳的阳光照进来，形成了半阴地带。园主也顺势将它打造成了阴生花园，种植耐阴及耐半阴的植物。

阴生花园晚春至仲夏的主角是绣球，有着丰富的维度，开花时景致颇好，花朵开放持久，带来夏日的清凉。

阴生花园在国内算不上主流或大众主题花园，我们更多关注的是开花植物的惊艳和喷发似的怒放，对阴生花园植物的了解显然还不够多。之之对阴生地带植物的配置很有想法，摒弃传统的花草，选择个性、新颖的植物。这些植物或有灵动的线条，或有宽大的叶片，或有彩色的斑点，不同的植物搭配在一起，自然又静谧。

## 4月开花的球根及宿根植物

荷包牡丹、矾根、蓝铃花、耧斗菜、筋骨草、芍药、玉簪、铁筷子、鸢尾。

## 早春开花的球根植物

葡萄风信子、原生郁金香、洋水仙、番红花、雪片莲、蓝花韭。

这个 200m$^2$的花园亮点很多，最受人瞩目的是，半阴的环境下精心的植物选择与搭配，使得花园一年四季都有花看。之之是怎么做到的呢？我们把它们提取出来，对于长江流域一带的花园来说，也是可贵的经验。

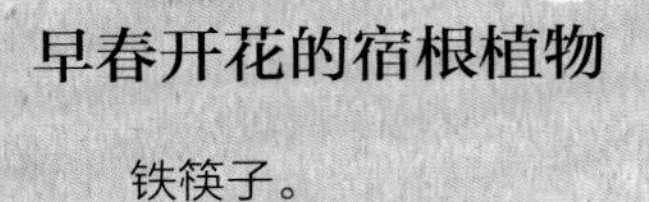

## 早春开花的宿根植物

铁筷子。

---

## 彩叶植物

紫叶酢浆草、玉簪、阔叶麦冬、虎耳草、野芝麻、玉龙、大吴风草、蔓长春、马蹄金等。

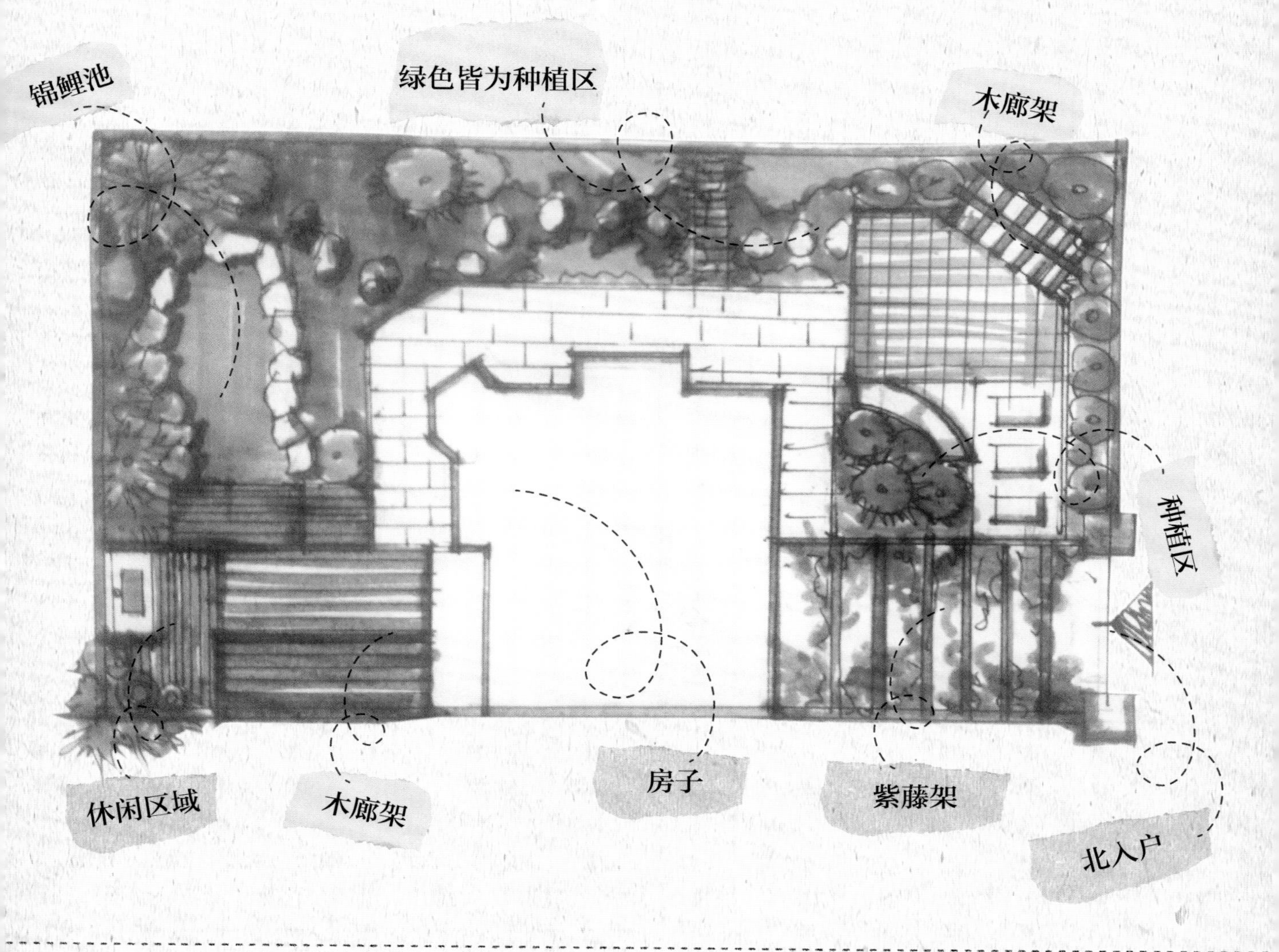


冬天，廊架上的蔓性风铃花仍不停歇，如同一个个红铃铛挂在枝条上。

早春，阴生花园里的球根、铁筷子储满花苞，在绿色的地被上探出了点点色彩。3月，些许宿根萌动，抽枝展叶开花，与球根花儿交织，与彩叶植物映衬。桃花、樱花、喷雪花盛开，早春花园一片生机与乐趣。

对于花草的选择，之之说："种花种到现在，已经越来越嫌弃傻大艳的花儿，相反却越来越喜欢花叶植物和各种线条柔美皮实的草。"花园是意识的表达和体现，这句话正是之之花园植物配置的精髓。

一个花园，春夏秋三季开花并不难，难的是四季花开。了解植物习性与花期，规划植物种植区域，琢磨花草间的搭配，这些都不是短期的过程，而是通过多年不断的摸索和实践获得的智慧。之之的花园与大多花园的不同处在于，冬天与初春，许多花园凋零萧瑟时，她的花园仍然开着花，生机盎然。

植物的配置中，不难发现，宽大的叶片横向伸展，柔韧线条的观赏草穿行其间，纤细与阔叶形成对比。彩叶植物的斑点和纹脉提亮空间，营造了立体感，它们的花儿开得星星点点，灵气可爱。这些花草年复一年在花园里繁衍生长，碰撞又相融，成为花园最有特色的看点。

美丽的绣球在细雨中开放的身影总是那么令人向往。
在家中的小小一盆固然值得百般呵护，
但是更多更美的绣球风景，
也在召唤着我们去探寻。

# 让我们出发看绣球！

## 日本镰仓 VS 上海辰山植物园

图文 / 药草花园 辰山花轮君

# 目标一

# 日本镰仓 KAMAKURA

在寺院的歇脚亭子里，摆放了素雅的绣球插花。

## Point 1 千年古都与秀雅的绣球相得益彰

镰仓是一座美丽的古都，也是一座有着众多庭院和花草树木的城市，其中特别著名的就是绣球。镰仓绣球的特点是很多都种植在古色古香的寺院里，静谧典雅的寺院建筑与清新秀美的绣球彼此衬托，显得格外和谐动人。

镰仓最著名的绣球名胜有三所，分别是明月院、成就院和长谷寺。明月院以水蓝色的‘姬绣球’和圆月门而著称，长谷寺和成就院则胜在依山傍海的地理位置和大型绣球花海。

此外，镰仓还有不计其数的神社和民居也都拥有各具特色的绣球风景。如果在梅雨时节前往日本观光，一定要到绣球古都镰仓一游！

绣球‘美加子’，花瓣上有着纤细的紫色花边。

像夜空中的星星般闪烁的是山绣球‘隅田川花火’。

日式庭院的枯山水。

因为日本的土壤属于酸性，所以盛开的绣球呈现出清澈的蓝色。

梦幻的蓝色绣球小路。

Point 2

## 沉浸在海水般的蓝色绣球花中的明月院

明月院始建于1160年，是一座有着800多年历史的古老寺庙。平时在苍松翠柏簇拥之下静谧无比，但是一到绣球季节，这里就格外热闹起来。特别是到了周末，慕名前来观看绣球的人群排起数百米的长龙，进到寺院里也必须跟着人流队列才能走遍整个寺院。好在日本人以遵守纪律而著称，即使跟着长队观看，也不会感觉嘈杂混乱。不过有时间的话，最好还是在工作日前来吧！

明月院最美在于整个寺院的绣球几乎都是一个品种，也就是名叫‘姬绣球’的山绣球品种。这种绣球是小型的圆球花，花瓣小巧秀气，颜色清澈透明，开到漫山遍野时，令人感觉如在梦境。

绣球在日本又名紫阳花，素以颜色的深浅、红蓝变化莫测而著称。著名作家渡边淳一的小说《紫阳花日记》就是描述夫妻间难以把握的情感，好像善变的紫阳花一般。

不过在明月院，所有的绣球都开成整齐划一的水蓝色，没有任何深浅和红紫的变化，让人不能不感叹，原来绣球也是可以很专一的。

依山而建的明月院，山上也全是‘姬绣球’。

休息日慕名前来的人流，排起了长长的队伍。

地藏菩萨前面供奉的绣球切花。

漫山遍野的绣球与古老的寺庙相映成趣。

## Travel tips

镰仓位于日本神奈川县，距离东京大约1.5小时电车车程，距离横滨大约30分钟车程。本文介绍的景点都可以从镰仓车站徒步前往。

明月院的蓝色绣球花‘姬绣球’。

品种丰富的山野草花境。

圆觉寺的山野草和“茶花”园。

## Point 3 原生山绣球与山野草花园

来自山野的山绣球有着朴素的美，和茶室的气氛不谋而合。

镰仓除了著名的三大绣球寺院，还有非常多的古老寺院可以游览。距离车站不远的圆觉寺，就以它收藏丰富的山野草和“茶花”园而独具魅力。

山野草是日本庭院中一个独特的植物分野，指的是将附近山野中野生的植物引种下来栽培而得的类群，类似于我国的乡土植物。而“茶花”也并非植物茶花，而是指茶道时装饰在茶室的花卉。很多野生的山绣球品种就被归于山野草，而它们的花也被剪下来当作茶室之花。

山野草和“茶花”一般都比较淡雅，有着野生的原始魅力，这种朴实简约的美也正好和禅寺清心寡欲的气氛十分吻合。

禅房门口随意摆放的山绣球盆栽。

珍贵的山绣球品种‘红’，几乎是大红色的绣球花。

来自山间的原生百合‘山百合’，以这种百合培育出一个著名的切花百合系统——东方百合。

绣球工艺品——小风铃。

从入口处看到的日式花园。

古民居博物馆。

印有绣球花的各种明信片。

收集了各种绣球品种的庭院。

## Point 4 绣球品种博物馆——北镰仓古民居博物馆

作为一个绣球迷，除了欣赏美妙的绣球风景，必然也会想见识更多绣球花的品种，北镰仓的古民居博物馆到了初夏时节，就化身为一座绣球品种博物馆。

北镰仓古民居博物馆由一座旧民居改造而成，是一家民间博物馆，主要展出镰仓本地的古陶器、手工艺品和民居风俗。大概是因为绣球在镰仓太出名了，这座以收藏本地民俗文化为己任的博物馆里也收集了大量的绣球品种，而且每年还和日本最大的绣球爱好者协会——镰仓绣球爱好者协会联合举办各种展览活动。

虽然日本有不少公园和植物园也都收集了众多的绣球品种，但是因为有着本地草根爱好者的支持，古民居博物馆的收集不仅毫不逊色，还颇有领先潮流的精神。

# 古民居博物馆收集的绣球品种

'夕景色'

'感谢'

'栎叶绣球'

'合唱'

'粉红安娜贝拉'

'雪舞'

因为土质为碱性，在正常情况下，上海地区的绣球开花呈粉红色。

# 目标二

# 上海辰山植物园

**如果不愿千里迢迢奔赴遥远的异国，其实在本地的植物园和公园也可以看到不少的绣球，特别是这两年来城市绿化的发展，让绣球走入居民小区和绿化带。不过，要说国内绣球数量和品种上都能达到一定规模的，还数位于上海市西郊的辰山植物园。**

蓝色'无尽夏'。

## Point 1 辰山植物园绣球区

辰山植物园的绣球区位于整个植物园的中心，靠近矿坑花园和人工瀑布。作为国内引种植物的先锋，辰山植物园也从荷兰、美国、日本引进了300多个绣球品种，其中包括'无尽夏''蓝色妈妈''塞尔玛'等花友中流行的品种，也有'初恋'、栎叶绣球'雪花'、'御殿场白'等难得一见的珍品。

最盛大的是靠近矿坑花园的一片绣球花海，因为品种丰富，颜色也是千变万化的，让人见识到不折不扣的百变绣球。其中还有一片蓝色的'无尽夏'，虽然数量并不太多，但作为一个栽培绣球的爱好者还是会深叹其不易。因为中国大部分地区土壤是碱性的，绣球开放多呈粉红色，要养成这样一片蓝色的'无尽夏'，工作人员着实费了不少工夫。

此外，在药用植物园到大温室路途沿线的山脚下种植了大片乔木绣球'安娜贝拉'，雪白的花球成片开放，蔚为壮观。

水杉林下的半阴处是最适合绣球生长的环境。

原生的山绣球品种。

花束形的绣球园艺种。

辰山植物园绣球区，颜色缤纷多彩，花团锦簇。

## Travel tips

辰山植物园位于上海市松江区，乘坐地铁9号线到洞泾车站下，转松江19 路公交车可到。

辰山植物园非常大，如果想要逛个遍，大约需要一整天时间。

辰山植物园的乔木绣球‘安娜贝拉’。

# 辰山植物园的绣球品种

‘蓝色妈妈’

‘城崎’

‘安娜贝拉’

‘头花’

‘隅田川花火’

‘御殿场白’

‘塔贝’

‘塞布丽娜’

Point 2

## 辰山植物园的6月花海

在现在的城市里，大片的花海越来越难看到，想要享受饱览花海的快感，就需要前往郊区农场或景区。要看辰山植物园的花海，6月份可以说是一个不错的时段，因为大批的宿根花卉正在此时开放，它们组成的花海在植物园的大门口就形成一片欢迎的热浪。

辰山最大型的花海位于靠近绣球区的水杉林后方，这里秋季可以看到大片的波斯菊和向日葵，不过在绣球花开的时候，也可以看到硫华菊和观赏草合植的花海。

此外，还有一片比较冷门的花海在藤本植物区。在大片金属藤架下，淡紫色的柳叶马鞭草和柔美飘逸的羽毛草组成一对格外高雅的组合，非常值得一看。

硫华菊

松果菊

金鸡菊

观赏草墨西哥羽毛草

藤本区的柳叶马鞭草

鼠尾草

柳叶马鞭草

宿根黑心菊

矿坑花园的季节花境

宿根园的萱草

宿根方阵

矿坑花园的千叶兰台阶

辰山植物园人工瀑布

宿根方阵的观赏草

## Point 3 饱览初夏的宿根植物

通常4月的郁金香花期和5月的玫瑰花期是我们前往植物园的时间，如果在6月到植物园观看绣球花，就不妨看看和绣球同花期的宿根植物吧。

辰山的宿根植物有一个专类的宿根和球根植物园，这个园区最值得一看的就是萱草。在药用植物园和矿坑花园也有大量的宿根花卉可以观赏，这两个区域因为在设计上下了不少工夫，看起来也更加有景观效果。特别是矿坑花园，其间有按季节更换的植物花境，是研究和学习应季植物的好地方。

此外，在大温室后面的高地上还有一个鲜为人知的景点，这里有一片大型的宿根植物方阵，大概是因为距离大门口较远，去的人很少，植物也长得格外茂盛，大有在原生地的野性风貌。

矿坑花园的蜀葵和观赏草组合

黑果荚蒾

蝴蝶戏珠花（结果期）

# 绣球和荚蒾小科普

图文 / 余天一

红蕾荚蒾

## 绣球和荚蒾傻傻分不清楚?

绣球和荚蒾是两个看起来神似的类群，由于都具有华丽的花序和醒目的不育花，这两个类群的原种和相应品种受到很多人的喜爱。它们广为栽培，常让人傻傻分不清楚。

实际上区分它们还是很简单的，为了便于和绣球属对应，这里只说荚蒾属具有不育花的种类。

绣球属（*Hydrangea*）和荚蒾属（*Viburnum*）是两个不同的属，并且这两个属亲缘关系并不近。绣球属原属于虎耳草科（Saxifragaceae），在较新的系统中它属于绣球花科（Hydrangeaceae），其中所处的位置已经完全远离虎耳草科；荚蒾属原属于忍冬科（Caprifoliaceae），在较新的一些系统中它属于五福花科（Adoxaceae），但是依然和忍冬科同属一目。

蝴蝶戏珠花

修枝荚蒾

桦叶荚蒾

## 可育花和不育花

绣球和荚蒾之所以看起来长得像，实际是自然选择造就的。绣球和荚蒾在类似的环境中产生了趋同进化，两个属中部分种类的花序最外层花都变为了不育花（亦称不孕花），这个名字是和正常的可育花相对的。不育花丧失了传粉结实的功能，转而变大，变得颜色更为醒目，让传粉者在更远的地方即可发现，把孕育下一代的任务让给花序内部较小的可育花。

枇杷叶荚蒾

白花香荚蒾

紫彩绣球

鸡树条花蕾

## 常见的绣球是怎么来的?

绣球属大部分种类都产自中国，然而最常见的栽培种类八仙花虽然在中国栽培历史久远，但最初可能是从日本引进中国的，它其实是山绣球的变异种（花序中大部分或所有的可育花都变为不育花）。山绣球广布于中国东部及日本地区，与其相比结实极少的八仙花其实很难广泛传播，只是被发现后通过扦插繁殖，特意选育并广为栽培，才使它成为我们如今看到最多的绣球属种类。日本称八仙花为紫阳花，实际上有可能紫阳花是中国对其的古称，而八仙花据考可能在古代指的是琼花或近似的荚蒾属种类。欧洲人在中国发现了八仙花，引回后和日本人各自发展出了独立的品系，这便是后话了。除了八仙花，常见栽培的种类品系还有原产中国的圆锥绣球（品系）、原产美国的栎叶绣球（品系）、树状绣球（品系）等。

欧洲荚蒾

鸡树条

## 首先数花瓣！四瓣？绣球！五瓣？荚蒾！

如果想区分绣球属和荚蒾属，可以看看花序。绣球属中绝大部分种类花序外围都具有不育花，不育花是由花瓣状的萼片组成的，4枚萼片相互分离，没有筒部；中间一般是空心的，没有花瓣和花蕊；有时外围的花依然具有花瓣、花蕊，于是看起来像花中花。中部的可育花非常小，萼片合生具有筒部，花瓣一般 5枚。

荚蒾属的种类比绣球多得多，但花序具有不育花的只是其中很小的一部分。这些种类的不育花是由花冠（合生的花瓣）组成的，花冠5裂（也就是通俗来讲的5个花瓣），合生花冠具有筒部，下部还可以看到萼筒。所以可以简单归纳为，不育花4裂且裂到底的就是绣球属，5裂但不裂到底的就是荚蒾属。

欧洲荚蒾'欧洲雪球'（Rosea）

圆锥绣球

乔木绣球‘安娜贝拉’

山绣球

## 美丽的琼花是什么?

荚蒾属具有不育花的种类，同样全部在中国有分布。跨欧亚分布的欧洲荚蒾是分布最广、在园林中栽培最广泛的种类，然而野生的欧洲荚蒾只在新疆有，在国内其他地区分布更广的是它的亚种鸡树条，即天目琼花。天目琼花因天目山多见而得名，实际上在中国东部大部分地区都有野生；栽培的大多是花药为黄色的欧洲荚蒾，花药为紫色的天目琼花极少出现。欧洲荚蒾有一个非常美丽的全不育花变型‘欧洲雪球’，盛开时白色的花球微微下垂，非常醒目。琼花和其变型木绣球（绣球荚蒾）在中国栽培历史悠久，作为中国著名传统花卉，琼花和木绣球直到现在依然受人们喜爱，然而由于其与欧洲荚蒾相比耐寒性较差，北方栽培少得多；它们和欧洲荚蒾最大的区别就是叶形，琼花和木绣球的叶呈卵圆形有小锯齿，欧洲荚蒾的叶为鹅掌状3裂并有不整齐粗齿。粉团（粉团荚蒾）和蝴蝶戏珠花是另一对具有不育花的荚蒾，蝴蝶戏珠花的名字非常形象，它的不育花并非中心对称而是轴对称的，看起来就像一只只白蝴蝶围绕着中心的可育花。

东陵绣球（花期末期）

栎叶绣球

# 彻底调查 提升品位的关键

## 掌握了这些技巧，我也能成为花园时尚达人！

## 小花园的烦恼、大花园的烦恼，全部一起解决

**参观别人家美妙的花园时，你是否也曾惭愧自己的品位不够，或者因种植条件不好而感到绝望？事实上，没有特别的才能或者条件恶劣并不能成为理由。稍微掌握一些提高品位的技巧，任何人都可能打造出精彩的花园。那么，提高品位的关键是什么呢？这个关键点似乎就隐藏在时尚达人们非常重视的基础作业里。在春夏季学习观摩，反复斟酌设计方案，秋冬季进行改造实施，为了来年的灿烂，让我们开始学习吧！**

### *Small*篇

**小空间也能打造美丽的花园。**

巧妙运用杂货、资材、玫瑰或一年生植物，化腐朽为神奇，创造出温馨的氛围。
你一定能从以下的文章中受益匪浅。

桥本宅的入口处，陈列着几个木箱，它们和墙上的藤本月季‘科妮莉亚’一起，愉悦着路人。

象牙色的木栅栏把铁线莲‘紫罗兰之星’映衬得更加鲜艳。干燥的香草与杂货搭配，给这片紫色景致带来浪漫的风情。

台阶部分的30㎡

# 沿着台阶向空中发展，活用墙面和杂货，延伸出悠然自得的花园生活

**桥本景子小姐**（千叶县）

桥本小姐家的花园像一个“凹”字，围绕在房子的三面。因为地势倾斜，其中一面的花园建在通向里侧花园的长长的台阶上。因为这个地势条件，女主人原先是准备放弃花园的。朋友看了却说：“这个台阶看起来蛮有趣啊！”朋友的这句话点醒了她，转而决定把台阶变为植物的展示厅。

为了更好地利用高低差，设置了栅栏和凉棚。为了营造法国乡村的意境，还刷上了象牙色的油漆。这样不但能使小空间看起来更宽敞，还能更好地衬托玫瑰的花色。建筑物这一侧的栅栏上还安装了隔板，装饰着铁艺杂货。

“打理花园的时候总是需要上下楼梯，其实挺累的。但是，春天能看到玫瑰和铁线莲的盛开，冬天能看到圣诞玫瑰的花朵，这份独有的乐趣让我感觉不到辛苦。正因为地处台阶上，我们才能更好地欣赏那些低垂着开放的花朵。”

经过一个设置着小型花坛的转角，人们就能看到花园深处的形似小房间的空间。劳作的间隙，家人可以在这里摆上桌椅，一边休息，一边欣赏台阶上的美景。这时候再来一杯热茶，就是女主人最珍视的花园时光了。

从台阶上俯视花园。两侧的栅栏上种植着各种植物，就像要把道路包围了一般。凉棚的对面就是马路，通风条件很好。

在光线良好的栅栏上，还挂着玻璃饰品。阳光照射在玻璃上，风吹过时带出摇曳的光亮。

1

2

3

## 观赏低垂花朵的 2 月

到了冬天，花园里的植物看起来比较萧索，人们的视线自然而然地集中到此时开放的花朵和杂货上。地处台阶上的花园有其独特的观赏方式。

4

5

1.圣诞玫瑰‘泡沫粉’与怀旧风格的咖啡杯搭配，让人心生温暖。

2.入口处的花坛放置着陶制的洒水壶，形成视觉的焦点。从茂盛的叶片中伸出细长叶片的麦冬‘黑龙’让花坛显得更加紧凑。

3.在入口处放上一盆角堇，瞬间点亮空间。带有青苔的花盆增加了稳重的感觉。

4.栅栏上攀爬着的冬季开花的卷须铁线莲，与同是毛茛科的圣诞玫瑰一起开放。

5.在台阶的各处摆着圣诞玫瑰的盆栽。“因为想看到花朵的表情，所以把花盆放在桌子上。”

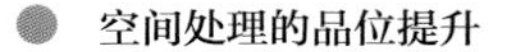

1

● 空间处理的品位提升

**不断变化主角，利用草花和杂货，打造四季皆有景的花园。**

这个花园的主要植物虽然是玫瑰，但是在玫瑰的开花间隙，其他草花也不可或缺。在选择铁线莲品种时，其颜色与玫瑰是否和谐是重要的考虑因素。冬天则主要欣赏圣诞玫瑰。随着季节不同而增添的草花和杂货也十分引人注目。

## 茂盛的绿叶带来凉爽气息的6月

进入6月，玫瑰的开放暂且告一段落，开花期较长的铁线莲成为花园的主角。蓝色与紫色的花朵呈现出成熟的风情。

6.可爱的小鸟挂钩上牵引着铁线莲。带铁线的玻璃瓶和铁罐里插着花园里采来的鲜花，显得更加丰富多彩。

7.女主人说：“我很喜欢铃铛状的原生种铁线莲。”除了图片中这种花瓣向后翻卷的铁线莲‘宝塔’（‘pagoda’）以外，她还收集了20个品种。

8.在台阶上布置杂货的桥本小姐。她的面前是修剪成3层的月桂树，给花园带来了富于韵律的美感。

6

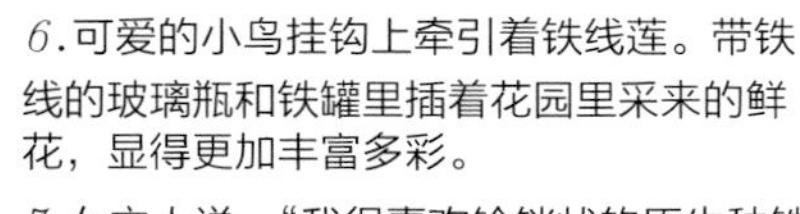

7

8

## 享受甜而不腻的5月风

玫瑰盛开的季节，花园台阶上一下子就变得明亮起来。以“不会太过热闹”为目标，适当增加了观叶植物的数量。

台阶的两侧主要种植白色与杏黄色的月季。为了避免单调，玫瑰下方种着玉簪、观赏草，还放置了植物架。

1

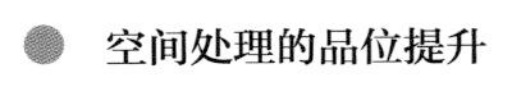

● 空间处理的品位提升

2

## DIY 制作挂件和置物架，巧妙利用空间

完美利用“凹”字形且地处台阶的条件，女主人打造出了美丽的花园。利用纵向空间陈列物品，增加吸引人眼球的杂货，使人在花园各处都能看到这些因地势条件而萌生的独有创意。

2

3

1.在入口处这个狭小的空间里，利用叠放的木质框架增加储物空间。把陶器、搪瓷、铁艺等材质的杂货组合摆放。

2.在台阶下，挂着鸟笼状的装饰物，让视线集中在上方。鸟笼里铺着椰壳丝，种植了红色的百可花、粉色的天竺葵与白色的百里香。茂盛的植物仿佛随时会溢出鸟笼。

3.在台阶入口摆放着工具。打开一扇栅栏，就能看到固定在柱子上的工具。

● 空间处理的品位提升

3

## 精心挑选背景色调，带来温馨和统一的视觉感受

主人把木质栅栏和墙面都漆成象牙色。在比较难栽种植物的地方，则选择了带绿色的浅灰色。虽然是同一个色调，看起来却并不单调。

4.把原有的水泥墙也漆成象牙色色调。再摆放上各种类型的盆栽，看起来富有韵律感。

5.油橄榄树和栎叶绣球混栽的前花园一角。树枝挂上风灯和玻璃首饰，填补了空白。

4

5

Small篇

"凹"字形花园的尽头布置了一个像小房间一样的空间。凉棚上挂上白色的篷布，整个空间仿佛被白色包围一样。

马路对面的这个空间里，混栽着白色和红色的月季，从远处看也十分醒目。善于运用颜色搭配也能提升空间的质感。

打造美丽花园的秘密就在冬季！

## 秋冬季的时候，大家都在做什么呢？花园达人大调查！

### "耐心守候植物的自然生长周期。"

从秋冬季的劳作开始，利用家具和爬藤植物，精心布置立体空间。

**Q 色彩单一的秋冬季，有什么需要注意的吗？**

A 虽然这个季节的花园比较萧条，但我不会因此摆满大量的盆栽花卉。此时，我会欣赏常绿宿根植物的叶片，或者把杂货和圣诞花环挂起来，点亮空间。我在学习欣赏秋冬季特有的美丽。

**Q 为了来年春天的灿烂，有什么需要做的吗？**

A 在大部分植物都进入休眠期的秋冬季，我会自己制作凉棚、栅栏这类大型的家具。我还曾经带着木工工具去友人家的花园帮忙呢！还有就是制作花环、鸟窝这类装饰品。

**Q 请告诉我们玫瑰和铁线莲的秋季管理要点！**

A 冬季至春季开放的铁线莲要把枯叶摘除，重新牵引。玫瑰则是需要施寒肥、修剪和移植。把玫瑰牵引到栅栏上的工作是最花费时间的。

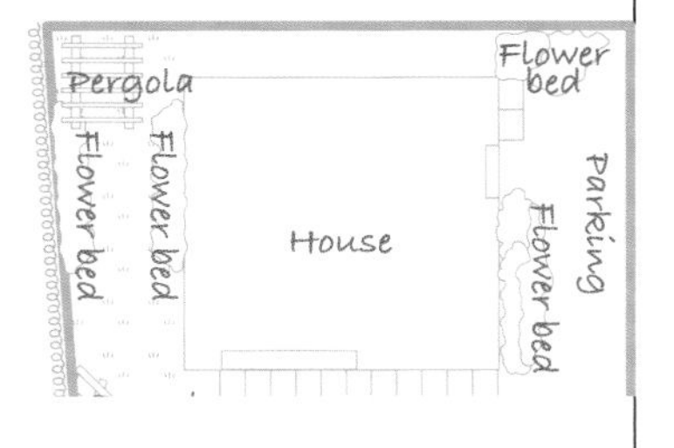


data

**面积**● 30㎡
**每月预算**● 5000日元左右
**今后的计划**● 基本的设计已经完成了，接下来就是把植物养好
**肥料·土**● 一般是自己拌土

被玫瑰包围的
30㎡

# 两种颜色的玫瑰争相开放，为了盛开期而做的准备工作同样充满乐趣

**久保田明子小姐**（东京都）

女主人说：“为了让所有的花朵在5—6月一齐开放，我会调整开花的时期。”她愉快地打理着这个从儿童时期就憧憬的属于自己的玫瑰花园。

进入5月，花园被白色的野蔷薇和淡粉色的玫瑰‘五月皇后’染上素雅的色彩。到了6月，花园则摇身一变，被粉色系的‘国王玫瑰’和‘多萝西伯金斯’染上鲜艳的色彩。这里主要选择了单季开放的多花品种，每个品种种上两三棵，到了开花季节几种玫瑰同时开放，宛如花的海洋。

## 汇聚了各种创意的花园

“玫瑰的修剪期是9月和2月。把太细的枝条剪掉，因为这样的枝条很难开出好的花朵。但是，野蔷薇是老枝开花的品种，所以会保留大部分枝条。”在有限的空间里，运用自己的智慧和技巧，打造出华丽的玫瑰花园。

“全家人一起，在花园里喝茶、赏花是最幸福的时刻。加入玫瑰花瓣的果酱很受孩子们的欢迎。”在这个充满欢声笑语的花园里，汇集了各种各样的智慧。

给房屋墙面带来温柔色彩的‘白色马克斯格拉夫’（‘White Max Graf’）。这个品种是女主人在13年前第一次购买的玫瑰品种。

● 玫瑰种植的品位提升！

## 1 花园的主题颜色随着季节变化 利用不同的玫瑰颜色来改变花园的形象

5月主要是白色玫瑰，6月是粉红色系玫瑰，利用二者开花时期的不同，欣赏多种风格的花园。

种上两三棵同一品种的单季开花玫瑰，让不同品种的玫瑰同时开花，形成华丽的花海。

1.5月份，野蔷薇和‘五月皇后’同时绽放的花园。摆放着桌椅的砖砌露台是女主人自己铺设的。

2.6月份，‘达芬奇’和‘多萝西伯金斯’的花朵像是要把花园小路包围一样。粉红色的深浅变化十分美丽。

3.6月的花园里，‘国王玫瑰’同时盛开，花量巨大，十分令人瞩目。把它的枝条用铁线牵引到拱门上。

4.在花园的墙壁上牵引着白色的‘白色马克斯格拉夫’，形成花园亮点。在玫瑰的下方，种着植株较高的毛地黄和欧锦葵，填补空白。

配合5月份的白色玫瑰而布置的餐桌。玫瑰花纹的茶壶、茶杯带来英式的复古风格。

自家制作的桑葚果酱、果冻或玫瑰果酱中加入苏打水，冲泡成可口的饮料。尽情享受这清爽的滋味和香气。

5月份的花园入口开满了玫瑰。
主人的女儿华铃坐在长椅上微笑，温馨得仿佛绘本中的世界。

● 玫瑰种植的品位提升！

## 2 精心布置的餐桌为家人们带来欢笑

休息日，家庭成员们在玫瑰的包围下享用点心和茶。根据花园的色调和氛围，餐桌上的布置也有所不同。为了映衬玫瑰的美丽，春天的时候把桌椅漆成了白色。

1.自家制作的3种果酱。加入‘五月皇后’等香味浓郁的玫瑰花瓣的草莓果酱和樱桃果酱，还有用花园里采摘而来的桑葚所做的果酱。

2.下午茶搭配的点心当然也是自家制作的。加入图1所示的带玫瑰花瓣的两种果酱做成的果料馅饼。加入酸奶以减少糖量。

3.享用下午茶的女主人和女儿。被玫瑰包围的下午茶时间是非常幸福的时刻。

左/把玫瑰放入器皿中，为客人带来小惊喜。

右/为搭配玫瑰而种植的毛地黄、剪秋罗等宿根植物。

打造美丽花园的秘密就在冬季！　**秋冬季的时候，大家都在做什么呢？花园达人大调查！**

### “制作花园装饰物和其他种植准备工作。”

一切都是为了让玫瑰开得更美丽。上漆和育苗是春季至夏季时花园能够变得色彩艳丽的秘诀。

**Q** 请告诉我们从种子开始有哪些育苗技巧？

**A** 有的品种的玫瑰可以从种子开始种植。香草类的植物要在2—3月进行室内育苗。在容器里放满加入白色珍珠岩的营养土，浇水直到水从底部流出来，再放入种子，很快就会发芽。之后再移植到育苗用的小钵中。今年，女主人和孩子一起种植了扁豆和小番茄。

**Q** 花园家具的维护工作有哪些呢？

**A** 植物处于休眠期的时候，我会重新为花园里的桌椅和栅栏上漆。和水性漆相比，油性漆的效果更持久。上漆后晾干，再继续上漆，重复两三次以后，表面就会变得很光滑。油漆的颜色看上去是白色，其实是灰白色。这种颜色和植物的搭配十分好看。

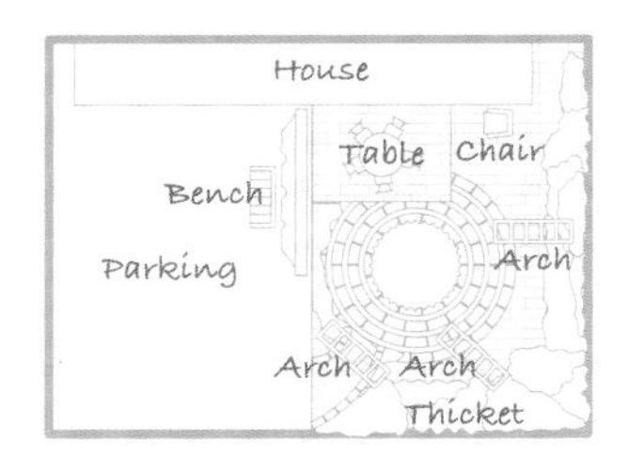


data

**面积**● 30㎡

**每月预算**● 没有特意规定

**今后的计划**● 没有什么特别的计划（今年会设置新的复古风的栅栏和砖墙）

**肥料・土**● 在花园角落里，用落叶制作堆肥

花园里铺设了宽敞的木甲板，看起来十分清爽。打开圆形的盖子，就能看到小型的沙坑。

铺设木甲板的

33㎡

# 注重材料的质感和颜色的统一 让人赏心悦目的低维护花园

H氏（神奈川县）

登上复古红砖的雅致台阶，迎面是一棵白色的栎叶绣球。嫩绿的叶片包裹着白色的小花，给主人的花园带来宁静而素雅的氛围。喜欢花的他在建造房子之初，就着重考虑了花园的建设。花园的施工委托给了最能理解自己想法的园艺公司。在委托前主人提出了3个要求：素雅而富有情调、孩子们能愉快地玩耍、打理简单。

初夏的主角是栎叶绣球。看起来惹人怜爱，又不乏华美的印象。开花持久的特性也很令H氏喜爱。

## 理想的花园是能与家人们一起欣赏

施工完毕后的花园比当初设想的还要美丽。木甲板上设置的沙坑受到了孩子们的热烈欢迎。孩子们可以用沙子做成蛋糕，插上花园里采来的花朵。“孩子们能在家里与大自然亲近，是最令我欣喜的事情。”

在植物的选择上，主要选择了绣球、香草这类容易打理的植物，要求之一的“打理简单”也完成了。因为非常喜欢白色花朵的清爽感觉，所以除了少量一年生植物外，没有再增加其他植物。主人还精心选择了能更好映衬植物的栅栏，打造出简单素雅的氛围。作为花园骨架的植物和资材布置好以后，只要日常稍事打理就能保持这种简练的花园风格。

开白色花的四照花是房子改建前就种在这里的。因为适合花园的风格，所以被留了下来。现在已成为花园中重要的象征树。

● 提升结构搭建的品位！

## 1 用喜欢的两种颜色统一给人简单又干练的印象

专注于绿色和白色的组合，营造出统一感的H氏的花园。妻子对于素雅花朵的喜爱和丈夫对于绣球的喜爱相结合，最终选择了以白色绣球为花园主角。

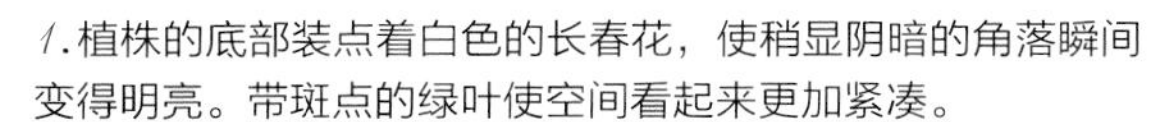

1.植株的底部装点着白色的长春花，使稍显阴暗的角落瞬间变得明亮。带斑点的绿叶使空间看起来更加紧凑。

2.带浅蓝色的山绣球‘隅田川花火’给人清新自然的印象。把色调不同的白色系花朵种在一起，让花园显得错落有致。

3.蓝灰色的木质栅栏形成雅致的背景墙，凸显了植物的绿色和白色。主人很喜欢从房间往外看这里的风景。

● 提升结构搭建的品位！

## 2 精心挑选的资材自然而然地体现出主人的品位

打造颜色素雅但不失趣味的花园的秘诀在于，精心挑选作为展示台的资材。选择自然的色调和素材，营造出如同诗画般的风景。再加入一些独特的创意，让花园更富有个性。

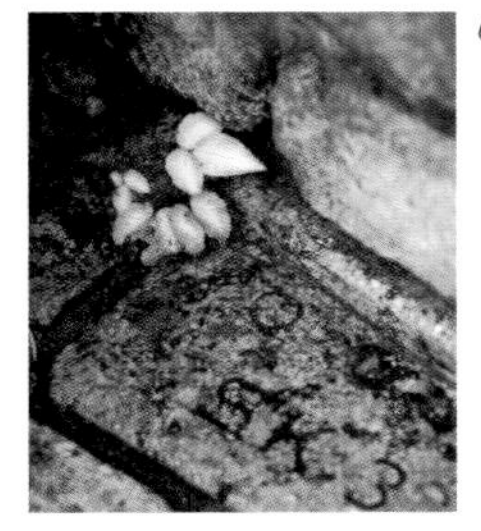

4.自从在外文书里看到这种复古砖，主人就一见倾心。每一块砖头的颜色与形状都有细微的差别，让台阶充满趣味。

5.同时作为孩子们的游乐场的木质甲板，选用了耐久性优良的重蚁木。略带灰色的古旧色调与花园风格十分统一。

6.有的复古砖上还印有记号。在细节处也能感到有趣是花园的一大魅力。

打造美丽花园的秘密就在冬季！ **秋冬季的时候，大家都在做什么呢？花园达人大调查！**

### “加入应季的花朵，感受季节的变化。”

在萧条的秋冬季节，H氏会种上一年生花草。他将告诉我们如何在低维护的花园里享受季节的变化。

**Q** 如何选择在不同季节添加的花草？

**A** 打理容易是我最看重的一点。春夏季选择耐旱、清爽的植物，秋冬季选择适应半阴环境的植物，一般选择栽种角堇。还有就是要注意以白色和绿色为主色调。可以在以白色花朵为主角的地方加入一点红色，作为点睛之笔。

**Q** 如何修剪树木？

**A** 秋季的修剪一般是委托物业进行的。虽然说绣球应该更早一点就进行修剪，但是安排和其他树木在同一时间修剪更加省事。修剪的时候，比起多留花芽，我们更加重视适合花园尺寸的树形大小，使这种简练的平衡得以保持。

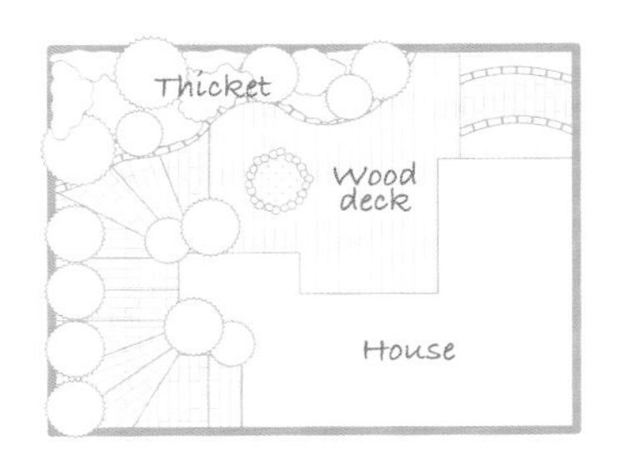


data

**面积**● 33㎡

**每月预算**● 几乎没花什么钱

**今后的计划**● 重新种植已枯萎的铁线莲

**建造花园时最在意的事情**● 打理方便，选择素雅的花朵

# 花园与椅子的美好关系

## 好好挑选适合我家花园的漂亮椅子！

### 植物、杂货、椅子<br>让墙面变得丰富多彩

为了更好地展示入口处狭长的露台，利用墙面作为背景。墙壁四周的空间通常会给人压迫感，主人通过布置椅子、植物和杂货，让空间显得立体丰富。

针对SMALL花园　担心花园空间显得过于狭窄

### 椅子和花盆的组合<br>展示立体空间

强调空间深度的椅子的摆放，突出立体空间的摆设，是最适合小空间的技巧。鲜艳的蓝色椅子让植物看起来生机盎然。

### 只是一张椅子<br>就能完美创造出功能性空间

在通常被视为死角的花园角落，布置了一张长椅供人们休憩。长椅下收纳着花盆，整洁又美观。主人的巧手布置令这个空间兼具展示与休息的功能。

### 巧用造型与素材<br>增加花园的时尚感

朴素的木制凉棚下，布置着两张铁艺椅子。宽敞、留有余白的设计是这个花园的巧妙之处。在自然氛围中，又流淌着都市的时尚气息。

### 采用藤编家具<br>增加天然的野趣

在贴着红砖纹路的瓷砖上摆放藤椅，营造自然的氛围。摆放同一色系的物品，让花园仿佛是出现在外文书中的场景。

## 给花园带来乐趣的椅子！

### 鲜艳的红色给花园带来生气

元气满满的红色框架与纤细的设计是它的特点。因为可折叠，所以可以根据心情随时改变摆放位置。

### 近在咫尺的小型绿洲

看上去就像是草坪长了腿般的创意家具。不要忘了每天浇水和每年修剪几次。

### 包裹在手织布中

有着可爱的流苏，坐上去舒服是它的特点。可以绑在地面以上2~3m处或是固定在挂钩上。

### 婚礼上使用的甜美系长椅

具有通透感的造型，在小空间也能摆放。也可以作为花架使用。

通过观察很多设计别致的庭院，可以了解合理放置椅子的重要性。
一把独特的椅子可以瞬间提高空间的格调，的确是一种很方便的道具。
下面我们就来看看一些巧妙运用椅子的实际案例，再介绍一些值得推荐的椅子类型。
在这个悠闲的季节，一边构思庭院的设计，一边寻找属于自己的那把花园椅子吧！

**面向大型庭院** 难以制造起伏感

## 丰富多彩的椅子 打造适合朋友聚会的庭院

和植栽一体化的低矮的椅子，分割出一个小小的独立角落。采用了不同的颜色，和周边的红叶、绿植，以及房屋外墙和谐地融为一体。

## 利用椅子精心设计 在空间制造纵深感

设计优美的椅子，让红砖铺地更加富有魅力。隐藏在茂密的绿色中，让人产生意境幽深的感觉，制造出仿佛走入油画般的效果。

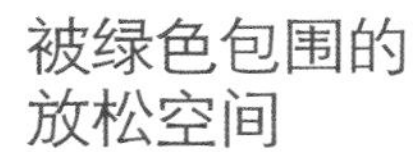

## 被绿色包围的 放松空间

凉亭下的沙发组合仿佛户外的客厅。牵引上绿色藤蔓，再在头顶挂上铁丝编织的吊篮，轻松度过优雅的时光。

## 散落的椅子 制造出富于韵味的庭院

仿佛和富于变化的植物相呼应，在角落里的椅子也选择了各种各样的风格，各处看上去都是不同的景致。

## 长椅和标志树 组成绝妙的风景

在大树脚下，长椅与树干融为一体，风格清新，岁月静好。

## 有故事的车站椅子

大约150年前，在英国的车站里守望着过往人流的长椅。有相当的宽幅，也可以用于做展示架。

## 在名画中登场的秋千

在座板两侧种上植物，让植物的藤蔓攀爬上去的设计。吊在大树下宛若图画书里的场景。

## 富丽堂皇的甜美感令人一见钟情

110年前的阿根廷古董沙发，贵气十足，单单放着也可以给花园的格调来个大变身。

## 舒适的沙发给人度假般的感觉

圆弧形的草编沙发，本身是深沉的褐色，加上印花坐垫后有了风趣的俏皮感。注意不要淋雨。

沿着草地一侧的小路前行，就能到达下一个区域。拱门的另一边是怎样的风景呢？绿意盎然的花园带给人无限的遐想。

## Large篇

**在宽敞又错落有致的花园里，到处都能看到美丽的景致。**

分成几个区域，设置视觉焦点，巧妙的结构布置是成功的关键。

平坦的660㎡

## 不断邂逅新的场景 富有原创性的花园设计

●宫崎礼二·清子小姐（福岛县）

宫崎夫妇两人各自都有工作，所以只能在周末进行园艺劳作。夫妇二人费尽心思打理的这座花园“为了让路人也能够欣赏”，每天都对外开放。

以改造旧房屋为契机，夫妇二人开始建造花园。保留了幼年时期就相伴左右的大树，一点一滴地建成了如今的花园。

### 让好奇心沸腾的风景

先生说：“不管是铺设小路，还是设置建筑物，我们都是想到什么就去做了。植物的栽种也是随心所欲的。”但是，这个分成6个区域的花园却犹如专业花园一样精致美丽。各个区域的边界由植物划分，十分柔和。自然的场景变化，让人不断与下一个风景不期而遇。宽阔的草坪绵延起伏，孕育出如同大自然中的景色。宽阔的地形被充分利用，花园各处都有令人赏心悦目的景色，让观者流连忘返。“在气候寒冷的地域，适宜的季节一下子就过去了，所以每一天的劳作都很忙碌。”夫妇二人已经开始准备明年花园的修缮了。对花园的热情，已经成为两人在繁忙的生活中不可缺乏的活力剂。

把很早以前种下的玫瑰牵引到自己制作的带长椅的凉棚上。开花最盛的时候，就像在屋檐上堆满了雪花。

车库旁的砖砌门柱上开满了金银花。在绿色的门帘后，可以看到浪漫的场景。

草坪花园的一侧，是精心设置的“野生花园”区域。漫步其中，仿佛置身于森林般，是先生很喜欢的花园一角。

草坪中散布着不规则形状的花坛，种着开花植物和香草。在浅色系的花朵中点缀着深色花朵，让人眼前一亮。

把红砖铺成圆形，“玫瑰的花园”里种植着一年生植物和玫瑰。纯白色的大花奥莱芹带来温柔的气息。

开着粉色花朵的玫瑰‘甜蜜的朱丽叶’。在花园的各处种着六十多株玫瑰，看起来都很健康。

● 利用土地，提升品位！

## 树荫下若隐若现的椅子和长椅，营造出故事的氛围

在宽敞的花园中划分出几个主题区域，在每个区域里都能看到椅子和长椅。这些椅子不仅仅是视线的焦点，也让人感觉到生活的气息，让花园充满人情味。

1.虽然没有太多时间在花园里休憩，但在花园里摆放桌子、椅子，感觉就像花园在随时等待着主人一样。

2.把旧长椅刷漆成蓝色。在斑驳的树荫下，可以静静地看书，或是构思花园的设计。

3.自己动手制作的小孩子使用的长椅。长椅上还挂着写有孙子、孙女英文名字的铭牌。爷爷奶奶对晚辈的情感在花园里也能感觉到。

● 利用土地，提升品位！

## 每个区域都有特定的主题
## 让宽敞的空间显得井井有条

把宽敞的花园划分为几个区域，给每个区域定下主题，花园的变化随之产生，让人流连忘返。让那些憧憬的景色在自己的花园里再现，也是在大花园里才能体会到的乐趣。

1.“香草与花的院子”，种植着宿根植物和香草类植物，郁郁葱葱。这是花园中最大的一片区域，通风很好。

2.因为很喜欢莫奈的花园，主人建造了这座绿色拱桥。池子里的水引自井水。

3.颜色鲜艳的藤本月季缠绕在铁艺拱门上，成为“玫瑰花园”与木甲板区域的华丽边界。

3

2

1

打造美丽花园的秘密就在冬季！　秋冬季的时候，大家都在做什么呢？花园达人大调查！

### 夫妻二人分别承担自己擅长的部分，共同完成花园建设

宫崎氏的花园计划和育苗准备创造出表现丰富的花园。发挥夫妻二人各自的强项，一起为春天的花园做准备。

**Q** 宽敞的花园中所需种植的植物是如何育苗的？

**A** 从指导花园作业的友人那里求得种子，种到穴盆里，放在阳台育苗。为了阻挡风雪，我们用波纹板把阳台围起来，起到保温作用。单就一年生植物，每年都会播种200~300棵。这已经成为我们每年必做的一件大事。虽然浇水很辛苦，但是从种子开始培育植物的乐趣是无与伦比的。（礼二先生）

**Q** 夫妇二人是如何分担花园的作业？

**A** 育苗和插花是我的工作。花园设计和施工是我丈夫的工作。一般来说，他的设计刚出来时，我会感到有些奇怪，但是最终的成果总是十分完美的。（清子小姐）
她不会对细节过于苛刻，让我和我的友人能自由发挥。（礼二先生）

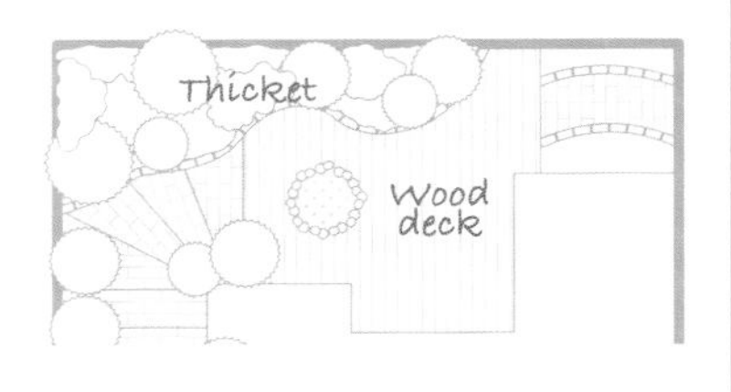


data

面积 ● 660㎡
每月预算 ● 没有特别的规定
今后的计划 ● 想让花园的视野变好，营造宽阔、舒适的印象
肥料・土 ● 没有特别的要求

牵引到大门前的栅栏上呈杯状开放的玫瑰‘维多利亚皇后’。玫瑰的最大魅力在于把周围的景色变得更加浪漫。

## 让蓝色的外墙和草坪发挥作用的对外开放的自然系花园

●堀内麻由己小姐（东京都）

堀内小姐的花园是不设围墙的开放花园。种植了白桦树代替围墙，从树木枝叶的间隙中能看到园内的景色。花园坐落于倾斜的山坡上，看上去像是不利条件。主人却利用这一点，在斜坡上种植了绵延起伏的草坪，由此而呈现出的宽阔空间让人难以想象置身在东京都内。沿着入口通向花园的小路，可以看到繁盛开放在蓝色外墙上的黄色的‘格拉汉姆·托马斯’。“我特别注意花朵的配色。花朵的颜色大多是浅色系的，不过分强调个体，营造轻柔和谐的氛围。”

### 进行准备工作时脑中描绘的是春天的景色

为了能充分欣赏春夏季的盛花期，10月份的准备工作是十分重要的。“春天最令人期待的是粉色或紫色等明亮的花朵，到了5月份则会改种白色或青色等初夏感觉的花朵。此时，毛地黄、翠雀与玫瑰争相开放，十分美丽。”

栽种前绝对不能忘记的是加入自家制作的腐叶土以改善土壤。依照种植计划，依次种下一年生植物、多年生植物或球根植物等。一整年中，每到周末都得忙于打理花草，但这也是堀内小姐每天都期待的事情。

**多斜坡的**
**170㎡**

主人特别喜欢能与树木相融合的爬藤月季。玫瑰的脚边种着粉红色、白色或蓝色等浅色系的花朵。

通向木甲板的小路。白桦树、玫瑰，还有树下的小花和谐相处，营造出自然的氛围。

花园的中心部分是堀内小姐十分喜爱的一个区域。阳光穿过白桦树，洒下斑驳的光影，玫瑰和其他的花草显得熠熠生辉。

“专心于庭院工作的时候特别幸福。”主人说。围绕着窗户开放的‘格拉汉姆·托马斯’散发出优雅的香气。

通向木甲板的路上的石块是从比利时的旧石板路上拆下来的。石板铺设有序而富有节奏，石板间隙还种着景天属植物，让小路的表现变得丰富。

休息日的时候，一边欣赏着花园美景，一边悠闲地吃饭或喝茶。

● 开放花园的品位提升！

## 既保护了隐私，又能让路人欣赏

为了代替围墙而种植的白桦树林柔和地遮挡了视线。蓝色的外墙、白色的树干和绿色的叶子组合起来，形成美妙的景色。成行的白桦树自然而然地成为视觉焦点，增加了花园的设计感。

1.在家门口种植着杏黄色与白色的毛地黄，给人柔和的印象。毛地黄的植株较高，还能起到遮挡视线的作用。

2.蓝色的外墙、郁郁葱葱的白桦树和马尼拉草坪，是这座开放花园最令人印象深刻的景致。没有丝毫的闭塞感，仿佛是一座度假山庄。

● 开放花园的品位提升！

## 从外墙到植物花色绝妙的颜色组合

以蓝色的外墙为画布，搭配丰盛的绿色，白色、粉红色或黄色等浅色系的花朵点缀其中，形成绝妙的视觉平衡。植物的种植是以玫瑰为主角，再搭配不同形态、不同花色的多年生或一年生植物。

1.斜面的水泥挡土墙上爬满了绿色的垂吊植物，与邻居家的边界则种着杏黄色的玫瑰。

2.外墙上牵引的黄色月季‘格拉汉姆·托马斯’在蓝色的“画布”上显得十分美丽。杏黄色与白色的毛地黄的间隙，还种着颜色艳丽的小花，犹如点睛之笔。



## 秋冬季的时候，大家都在做什么呢？花园达人大调查！

### “秋冬是巩固基础的好时节。”

悉心照顾花园中每一种植物的堀内小姐为了改善土壤，稳固基础，还进行了腐叶土的制作。

**Q** 如何改善土壤让花园更繁盛？

**A** 在房子的北面，我划分出一片制作腐叶土的区域。把白桦树与鹅耳枥树的落叶收集起来，放上半年进行腐熟。另外，还有一片区域用来堆放干燥处理后的厨房残渣，用作堆肥。蚯蚓会在其中自然繁殖，让堆肥更加高效。这些腐叶土和堆肥会被掺入到花园的土壤中。

**Q** 如何让斜坡上的草坪保持美观状态？

**A** 马尼拉草坪会在霜降时枯黄。从2月到春季，杂草会大量繁殖，需要清除。这个时期的除草工作会非常繁重。另外，还需在冬天时施肥。7—9月这3个月时间，需要每2~3周进行一次草坪修剪，每月撒一次草坪专用的化肥。

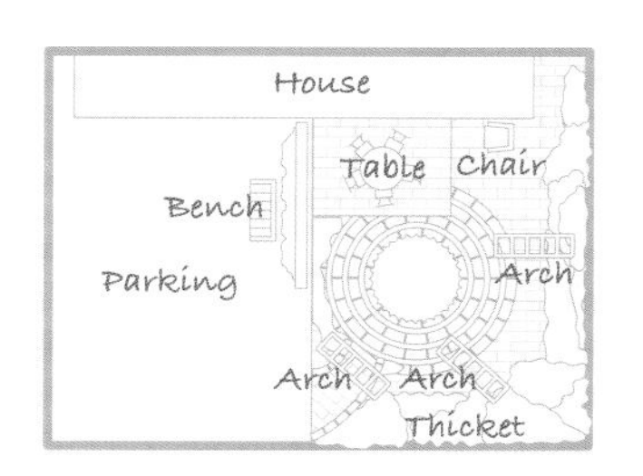


**data**

**面积**● 170㎡

**每月预算**● 没有特别的规定

**今后的计划**● 想在大门侧面的斜坡上修建台阶，让上下出行方便

**肥料·土**● 收集落叶制作腐叶土

1.小路两旁种满了多年生植物，四周的树木投下斑驳的光影。红砖没有完全铺满小路，留下间隙种着绿色植物，营造自然的野趣。

2.通向岩石花园的小路上铺满了小石子。岩石花园中种植着山野草，石头的面积有所增加，凸显出低调开放的山野草的姿态。

3.以常绿树木、多年生植物和草坪为主体，让整个花园看起来舒适、素雅。红色或黄色的花点缀其中，增加花园的亮点。

● 风景如画的品位提升！

每个区域使用不同的地面铺装
打造主人原创的世界观

这个被树木环绕的宽阔花园里，使用了红砖、砂石、草坪等不同的地面铺装，让人欣赏到各区域内不同的氛围。作为焦点的建筑物和资材也让花园更加具有个性。

树木较多的
180㎡

## 大量使用作为视觉焦点的资材和植物打造如诗如画的景致

● 中泽裕美小姐（北海道）

无论取哪一部分看，中泽小姐的花园都如油画般美丽，有着整体统一的美感。这个花园原先是她的父亲在打理，经过30年以上的岁月沉积，樱花树和枫树等都已长成存在感十足、郁郁葱葱的大树。这个绿意盎然、让人沉醉的花园使人全然忘记自己身在都市中的住宅区。女主人在设计花园时是以原生树林为主题的。让花园中风格各异的大树发挥作用，再栽上大爱的山野草和多年生植物，打造出四季皆有景的花园。

### 在原生树林里熠熠生辉的应季花朵

花园宽敞却不松散的原因是，作为视觉焦点的大型植物和资材各处可见，使用了长椅、拱门、阳伞等花园家具。选用木制或绿色的家具，让其融入附近的景致中。作为主角的植物则随着季节进行更替。初夏的主角是华丽的玫瑰。接下来开花的是绣球‘安娜贝拉’。在绣球开花期间，大丽花于花园中登场，并持续开放到霜降时节。这几种植物作为花园的主导，让周围的其他植物看起来更加和谐美丽。

● 如画风景的品位提升

## 引人注目的植物外形 在日式风格中又添加了华美的印象

花园中种着枫树、红豆杉等树木和山野草，营造出日式花园的氛围。为了使花园不会过于沉郁，还种着玉簪等叶片较大的植物或是粉红色矮牵牛等色彩鲜艳的花朵，为花园增添华美的印象。

1.在主人很喜欢的山野草区域里，桔梗等柔美的花朵正在盛开。红砖小路是这个区域的亮点之一。

2.墙角处的阴生花园种植着蕨类植物、鸭跖草等耐阴植物。玉簪的大片叶子让人赏心悦目。

3.从初夏到秋末持续开放的大丽花为花园带来华美的景致。北海道才能看到的重复花期让人十分期待。

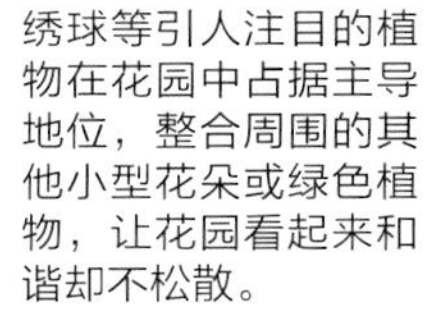

绣球等引人注目的植物在花园中占据主导地位，整合周围的其他小型花朵或绿色植物，让花园看起来和谐却不松散。

在较大的空白处放置了画框，让人移不开视线。虽然重复使用了同一种植物，但画框的分割效果给人以新鲜的体验。

打造美丽花园的秘密就在冬季！

## 秋冬季的时候，大家都在做什么呢？花园达人大调查！

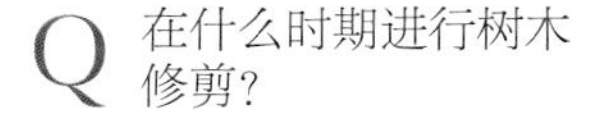

### “花费时间修剪树木和收集落叶。”

在这座花园里，既能欣赏到植物的四季变化，又能享受原生树林般的宁静。这个树木茂盛的花园，有着雪国特有的坚韧和智慧。

**Q** 在什么时期进行树木修剪？

**A** 枫树、樱花树的修剪是在冬天积雪硬化的时候。木兰、紫藤的修剪是在秋天进行的。绣球等所有的低矮灌木为了防止积雪把枝条压弯折断，必须用绳子固定。把落叶制作成腐叶土，需要有地方存放一年以上。今年，新设了堆放落叶的地方，想尝试制作腐叶土。

**Q** 在花园的颜色设计上有什么要点？

**A** 玫瑰以红色的品种居多，在玫瑰开花的时候会选择低调的白色或蓝色花朵进行搭配。在花朵较少的秋季，则会更多选择红色的花朵以增强花园的活力，这时候就需要大丽花的登场。大丽花在霜降以前都能持续开花。

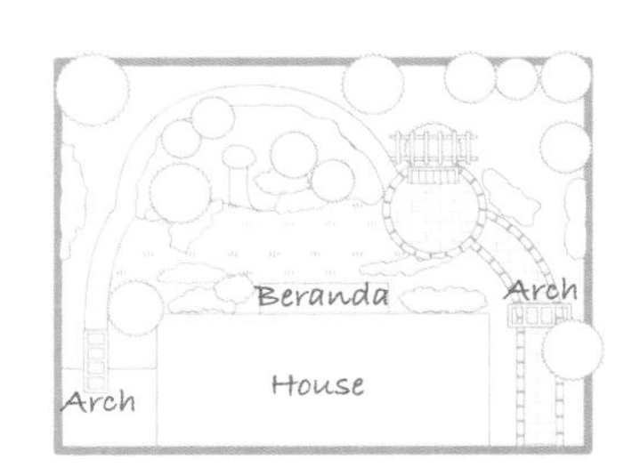


**data**

**面积** ● 180㎡

**每月预算** ● 1万~1.5万日元

**今后的计划** ● 增添低维护又楚楚动人的山野草等植物

**肥料・土** ● 春季在园土里增加堆肥、腐叶土等有机质

紧急问卷调查！

为了来年能被称赞“真是漂亮的花园啊”

# 花园时尚达人们暗自看好的植物&物品大调查！

为了来年春天花园能实现品位提升，首先需要调查时尚达人们看好的植物与物品。编辑部对本书登场的7名花园主围绕“买来觉得很值”和“正准备购买”进行紧急问卷调查。

问卷的阅读方法
✿ 买完觉得很值
✿ 正准备购买

## “舒适度”是我最为重视的

园艺设计师 平井KAZUMI

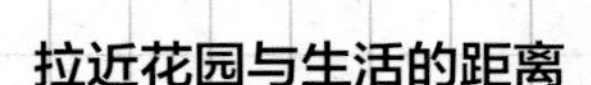

拉近花园与生活的距离

### ✿ 园艺用椅子

令人感到意外的是，至今为止我家花园里都只有桌子。今后想在花园里更加悠闲地度过时光，所以想购买耐用、漂亮的园艺用椅子。

雨天散步不可缺少的东西

### ✿ “AIGLE”的长靴

从“AIGLE”购买的专门用于散步的长靴，让我觉得很值得。园艺用的长靴是使用了10年的“HUNTER”长靴。散步时则使用这双能搭配洋装，简单却有女人味的“AIGLE”长靴。

## Small garden

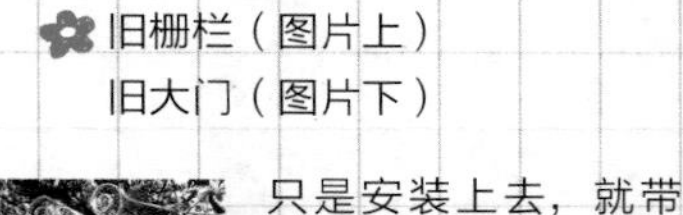

### 充分欣赏我喜欢的形态

p.65 桥本景子小姐

✿ 鸭脚西番莲（图片上）
岷江蓝雪花‘沙漠天空’（图片下）

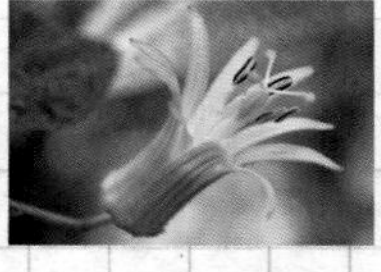

为了让花园看起来更宽敞，我种植了爬藤植物以强调立体空间。这两种植物的色彩和颜色都很可爱，都是我特别喜欢的品种。

✿ 风灯

想要增加风灯式的照明。正在寻找简单的款式，准备动手制作成独有的风灯。

### 玫瑰是我的快乐源泉

p.70 久保田明子小姐

✿ 旧栅栏（图片上）
旧大门（图片下）

只是安装上去，就带来英式花园的氛围，是我非常喜欢的旧物系列。

✿ 玫瑰拱门

从远处看也能感觉到玫瑰的魅力，与绿色搭配完美的白色玫瑰拱门。如果有合适的我会买下。

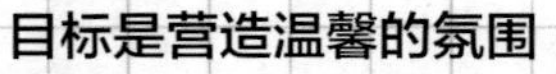

### 目标是营造温馨的氛围

p.74 H氏

✿ 长春花（图片上）
红色的五星花（图片下）

花朵较少的炎热夏天，它们为花坛带来清爽的气息。维护起来也十分简单。

✿ 白色的铁线莲

我一直很重视绿色和白色的搭配。想让白色的铁线莲爬满栅栏，给人以凉爽的感觉。

## Large garden

### 无数的故事隐匿其中

p.78 宫崎礼二先生·清子小姐

✿ 旧街灯

买下了五六年前就看中的旧街灯。旧物中仿佛蕴藏了很多有趣的故事。

✿ 大丽花

正在寻找与日式风格不同的大花型大丽花，为宽敞的花园提供亮点。

### 充分发挥出它特有的魅力

p.82 堀内麻由己小姐

✿ 白铁浇水壶

在路过的花店里一见钟情的浇水壶。我很喜欢它圆润的造型，把它作为装饰品摆放。

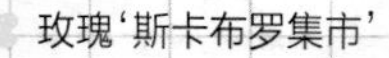

✿ 玫瑰‘斯卡布罗集市’

在白色与蓝色为主的夏季花园里，加入粉红色的玫瑰‘斯卡布罗集市’，让花园看起来更加柔美。

### 像作画一样设计花园

p.86 中泽裕美小姐

✿ 踏脚石

从园艺中心购买的树桩型踏脚石。只要放上去就能使用，十分方便。把大、中型号的踏脚石铺在一起，营造自然的氛围。

✿ 藤本月季‘龙沙宝石’

据说这个品种开花量很大，把它牵引到爬藤架或拱门上，形成华丽的视觉焦点。

# 添加物品&植物

# 决定时尚感的8个关键

寻宝编辑部

**图标的阅读方法**

- 全光照条件种植
- 半阴条件种植
- 开花期
- 植株的生长高度
- S “Sakata”的种子
- F “Suntory Flowers”的种子
- T “takii”的种子

花园时尚达人们在谈论如何选择物品与植物时，共通点是“更有自己的风格”和“让花园更加舒适”。以这两个条件为基础，编辑部精选了8个品位提升的关键。

**植物篇**

距离春天到来、万物复苏还很遥远的冬天，正是提升花园的品位、思考植物配置的好时期。在了解植物特性的基础上，打造自己的风格。

## gakui 1 在空白处添加生机勃勃的植物

### 爬藤植物

让稍显寂寞的墙面上，爬满华丽的植物。充分利用立体空间，让小花园也能开满鲜花。活用各种植物的特性，把植物牵引到墙面上。

**‘夏雪’** 蔷薇科

在光照不好的条件下也能在春天开出很多素雅花朵的‘夏雪’，因为刺较少，冬天的作业很容易进行。

半阴 开花期 4—10月 高度 5m

**蓝雪花**

白花丹科

因为有一定的爬藤特性，所以一般使用锥形的爬藤架。除了耐寒性较差外，种植起来十分简单。

全光照 开花期 5—9月 高度 1m

**西番莲**

西番莲科

花朵的形状看起来像钟表盘。种类丰富，生长强健，开出的花朵十分华丽，给人以很深的印象。

全光照 开花期 5—9月 高度 1m

**铁线莲**

毛茛科

适合盆栽或地栽，牵引到栅栏或拱门上也十分美丽。花色有紫色、白色等，十分丰富。

全光照 开花期 5—9月 高度 2~4m

## gakui 2 颜色鲜艳，花朵繁盛，花园各处都能种植

### 一年生植物

一年生植物的生长周期很短，但是品种丰富、种植容易。寻找自己喜欢的品种，给花园添加符合自己风格的调味料吧。

**粉蝶花** 水叶草科

品种名是‘婴儿蓝眼’，是因为它给人一种“孩子们的清澈眼睛”的感觉。在半阴条件下也能健康生长。

全光照 半阴 开花期 3—4月 高度 15~20cm

**矮牵牛‘三色’**

茄科

新登场了‘热情玫瑰’‘玫瑰’‘纯白’等品种。这几个品种都株形丰满，生长强健。

全光照 开花期 4—11月 高度 15~20cm T

**三色堇‘虹色堇’**

堇菜科

生长旺盛的一个品种。花心处的斑点增加了它的魅力，鲜艳的颜色给人浪漫的印象。

全光照 开花期 11月至翌年5月 高度 15~30cm S

**维吉尼亚紫罗兰**

十字花科

不需要摘除花朵，冬季也能持续开花。淡粉色的小花为花园带来温暖的感觉。

全光照 开花期 11月至翌年4月 高度 20~40cm F

## gakui 3 带来花园的季节变化，令人惊讶的旺盛生命力

### 球根植物

充满生长能量的球根植物。它的魅力之一是，能在花坛或是花盆里种植。试着在花园中种植这种带来季节信号的植物吧。

**大花葱** 百合科

独特的姿态让人心生喜爱，最近常被用作切花材料。能有效地提升花园的视觉效果。

全光照 开花期 5—7月 高度 1.5m

**早花郁金香**

百合科

经过特殊处理的郁金香。比普通的郁金香更早开放，观花时间长达3周，可以水培种植，非常适合作为室内装饰绿植。

全光照 开花期 2月下旬至3月 高度 40~60cm T

**花毛茛**
**康乃馨花型**

毛茛科

新登场了纯白的形似康乃馨的花毛茛品种。因为会持续开放，所以需要定期追肥。

全光照 开花期 4月 高度 30~40cm S

**大丽花**

菊科

大丽花‘花阳’的花型巨大，花朵是艳丽的大红色。从初夏到秋季持续开放。展现出令人炫目的热情的花朵形态。

全光照 开花期 7—10月 高度 70~120cm S

## gakui 4 年年变得更加美丽，尽情享受开花时间

### 多年生植物

从种植到开花的时间较短，可连续数年开花。试着搭配不同花期的多年生植物，打造花开不断的空间吧！

**海石竹** 白花丹科

耐寒性强，生长强健，在适合的温度条件下能保持常绿。不适应酸性土壤，所以在种植前应撒石灰进行中和。

全光照 开花期 3—4月 高度 15~20cm

**婆婆纳‘皇家蜡烛’**

玄参科

初夏时，开出艳丽蓝紫色的穗状花朵。因为花量巨大，群植时十分壮观。也适合种植在花盆里。

全光照 开花期 5—9月 高度 30~35cm T

**玛格丽特**
**‘重瓣柠檬黄’**

菊科

植株紧凑，花型较大，开放时十分华丽。花心处颜色较浓，外圈的颜色则相对柔和。

全光照 开花期 10月至翌年6月 高度 30~40cm F

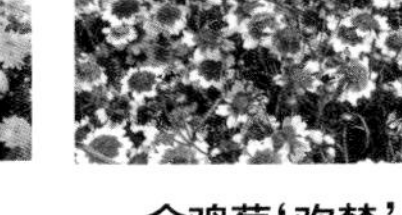

**金鸡菊‘欢梦’**

菊科

开花期长，花量巨大。一次种植就能生长很多年，且每年都能扩大植株。

全光照 开花期 6—11月 高度 50~60cm T

## gakui 5 像布置房间一样装饰花园，收藏了我的各种喜好

### 休闲用品

对那些珍惜花园时光的人来说，花园是一个可以放松身心的重要场所。为了能够在花园里待更长的时间，把“我喜欢的东西”搬到花园里去吧。

#### 想要一人独占！最高级的休闲空间

有如出现在童话故事中梦幻般的物件。长椅两侧配有杂志架，可以悠闲地坐上很久。

#### 用来装采摘来的香草，或是用干花装饰

用纤维细腻且带外皮的柑▮树藤条编织而成。大尺寸让人放心采摘，也可以用于自然风的装饰。

#### 放在沙发或露台上，随自己的喜好使用

称为“Puff”的抱枕，圆润饱满的枕套里塞满了布。同色系的刺绣花纹带来异国风情。

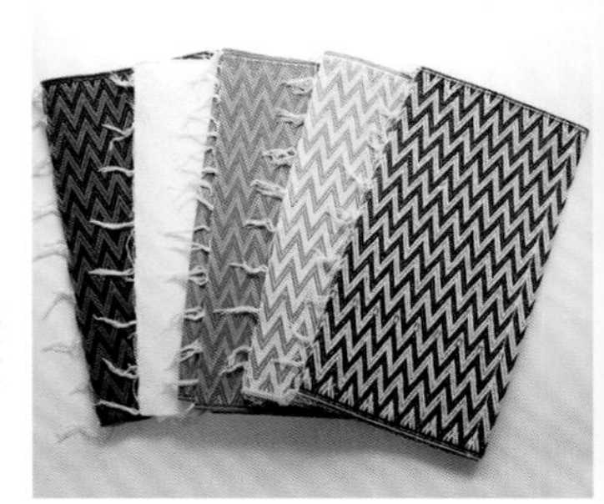

#### 在室外也能使用的、风格独特的非洲毛毯

塞内加尔进口的聚丙烯纤维编织的毛毯，就算沾湿或弄脏了也很好打理。可以把毛毯铺在草坪上野餐或聚会。

## gakui 6 与植物搭配，创造出自我风格的世界观

### 装饰品・资材

让物品或资材融入到周围的环境中，形成富有魅力的装饰效果。与植物相互搭配，凸显各自的优点，“我的领地”将更加美丽热闹。

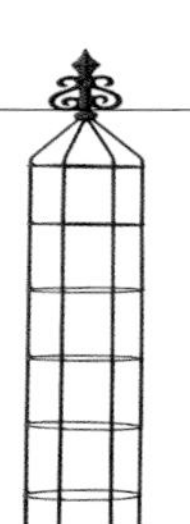

#### 爬藤架的造型优雅，只是放在那里就像一幅画

因为是细长的尖塔型，所以只需要很小的地方就能放置，再把植物的藤蔓牵引上去。也可以同时摆放几个藤架，组成屏风。

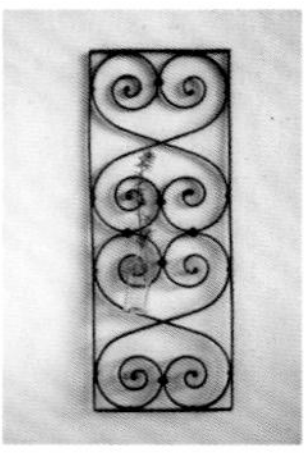

#### 简单的造型更好地映衬植物的美丽

配有玻璃酒瓶的复古栅栏。可以尝试各种装饰方法，比如插上花再挂在墙上，或者把植物牵引上去。

#### 富有魅力的造型让花园的美更上一层

插上花朵成为一景，或是在寒冷时节为花园带来温暖。带给园艺师无限遐想的单品。

#### 植物×喜爱的杂货营造故事氛围

在笼子里放进喜欢的植物或是物品，用来装饰空间。悬挂在枝条或屋檐下，抓住路人眼球。

#### 女性也能轻松地组装瞬间增加了花园气氛

可以在其中放置桌子或长椅的大尺寸凉亭。加上垂吊植物或爬藤植物，摇身一变成为花园的焦点。

#### 增加一点创意，让装饰变得更有艺术性

只是放在花园里，就成了“耐人寻味的风景”。随时间流逝而增加的韵味也是它的魅力之一。

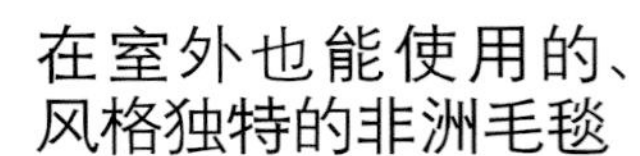

针对“花园的风格一成不变，想要改变”“想变得更加时尚”的诉求，可以运用新的装饰方法或选择方法，稍加一些技巧，让花园的气氛随之改变。一起来挑战吧！

## 打造舒适空间只需要简单的一个步骤

木甲板是只需要拼接铺设就能安装完成的简单结构。适合想快速打造自然风格空间的朋友，从明天开始就是拥有木甲板的生活了。

## 不论是颜色、种类，还是设计，都独具一格

厚重感十足的基本款红砖，根据组合方式和颜色的变化，表现花园的与众不同。可以试着打造欧式的乡间花园。

## 细嗅木头的芬芳，仿佛身在乡间小屋

把枕木作为踏脚石，可以与土搭配，也可以与小石子搭配。富有韵律的摆放方式映衬出小路与植物的美丽。

## *gakui* 7 只是改变地面材质，就能出乎意料地改变整体印象

### 地面材质

无论是改变花园印象，还是凸显植物的生机，或是使某个角落看起来更有魅力，地面材质都是非常重要的一个因素。它的种类非常丰富，仔细选择以打造有品位的花园。

## 在草坪中开辟一条小路，让人忍不住往花园深处走去

完美再现古旧石头的质感与色彩的脚踏石，不管怎么铺设都能很好地融入自然环境。可以用于小路或者花坛中的步道。

---

## *gakui* 8 不满足于简单的收纳，是储物也是陈列

### 收纳用品

花点心思，把零乱的收纳空间变为舒适的角落。充分利用容易忽视的死角或是墙面，目标是“时尚的收纳”。

## 比较常用的工具最适合用“可视性收纳”

使用频率较高的东西，用“可视性收纳”的方法，方便使用。悬挂在梯子上，打造个性化的空间。

## 小空间的收纳方式之一是充分利用墙面

零碎的小东西是最难以整理的。有了这个带抽屉的墙面橱柜，就能不费空间地进行收纳。

## 竖高型的置物架，设计与素材都十分考究

这个令人印象深刻的大尺寸置物架拥有优雅的造型和优良的实用性。因为是格子状的，若是放置盆栽，也很方便浇水。

## 使用的方法多种多样，叠起来摆放也很帅气

杂货花园风格的蔬菜筐。可以叠起来以节省空间，或是钉在墙上，使用方法多种多样。

超高人气的热门植物 Pick up Plants

# 用绣球打造意境优雅的庭院

在蒙蒙细雨中花枝招展，
在密密光影下熠熠生辉。
说起给夏日庭院加分的植物，
自然少不了绣球。
本文将介绍各种绣球的形态，
以及利用它们来装点庭院的方法。

●造园家· 玉崎弘志

## Point 1 明亮的白花装点出优美的墙壁

红砖墙壁容易显得厚重，搭配横向伸展的白色绣球花，柔化了整体的印象。

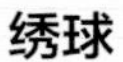

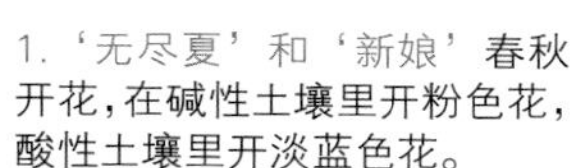

### 绣球

现在可以看到多姿多彩的绣球，其中大多数都有着大花绣球的血统，大的分类就是西洋园艺种、日本园艺种和野生种。这中间有花环形，也有花球形。

## Point 2 和藤本植物搭配打造出立体感

从上方垂下的紫藤和斜向开放的绣球，窗旁通过这一组美丽的蓝色组合，显得立体而生动。

1.‘无尽夏’和‘新娘’春秋开花，在碱性土壤里开粉色花，酸性土壤里开淡蓝色花。

2.‘仙女眼’重瓣花，具有透明感的粉色非常美丽。随着开放，变成形状优美的球形。

3.‘西安’花色起初为粉红色和蓝色，随着开放变成绿色，不育花花瓣很厚，非常强健。

## 西洋园艺种

最常见的绣球是原产于日本的绣球品种经过欧洲的改良而得到的，也叫西洋绣球。花一般比较大，呈半球形开放。

## 有时也可以作为鲜艳花朵的配角

窗户、门、长椅都是蓝色，显得与它们搭配的蓝色绣球清新可人。把前方颜色鲜艳的粉色锦葵也烘托得十分动人。

1.‘白色荣格’具有清纯之美的乳白色，略带圆形的花瓣讨人喜爱。

2.‘蓝色清新’明亮的蓝色映衬着绿叶，给庭院带来清凉感和变化。

3.‘鲜红玛纳斯’在 1992 年国际园艺博览会获得金奖，非常完美的花朵。

4.‘花束咪咪’重瓣花本来是鲜艳的紫红色，逐渐褪色成淡红色，最后变成绿色。

5.‘滨边的诗’白色单瓣花，和中心蓝色的可育花对比鲜明，相得益彰。富有野趣的姿态充满魅力。

## 日本园艺种

原生品种在日本改良而得到的园艺种，与野生品种相比，花色形状更加丰富，既有小家碧玉般的秀气花色，也有不逊色于西洋绣球的华美品种。

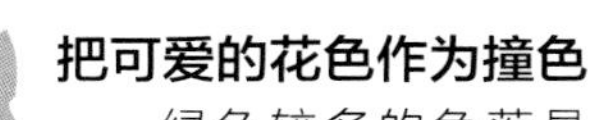

## 把可爱的花色作为撞色

绿色较多的角落是粉色和紫色的绣球大显身手之处。颜色组合可以演绎出精彩的搭配。

## 花球和花环，打造富有动感的庭院

粉色的花球和白色的花环，把花色花形不同的绣球组合起来，可以带给庭院活跃的感觉。

Point 6

## 通过盆栽欣赏高低起伏

吸引眼球的粉红色和自然清新的绿色，使用木椅子抬高起来，让这两种颜色的绣球好像家居饰品一样搭配有致。

## 野生种

被称为海滨绣球，原产地以伊豆群岛和三浦半岛的太平洋海岸附近为中心，从半阴到日照处都可以栽培，比较耐旱，喜欢排水良好的地方。

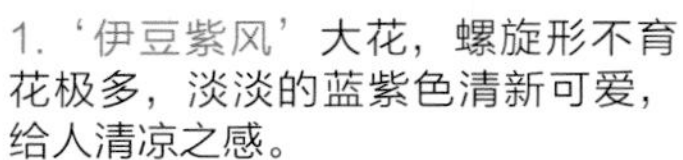

1.‘伊豆紫风’大花，螺旋形不育花极多，淡淡的蓝紫色清新可爱，给人清凉之感。

2.‘丹普林大花’深沉的暗蓝色不育花，形态优美，重瓣。有着简洁的成熟美。

3. 绣球原种 日本最早的野生品种，大花，不育花紧凑的花球形。

4.‘城之崎’星形重瓣花，在碱性土里开粉色花，酸性土里开蓝色花。

5.‘墨田花火’具有透明感的淡紫色重瓣不育花非常繁茂，好像夜空中的焰火一样。

## 对称的绣球装点出诱人的门扉

好像藤本植物的延续，对称栽种的两株粉红色绣球，演绎出让人不知不觉想打开门扉的效果。

### 山绣球

原本在湿润的山林里野生，被称为泽八仙花，花形小，叶子没有光泽，很多品种都会因为日照而改变花色，观赏价值高。但是不耐干燥和强烈的日照。

1.‘舞子’淡蓝色大型不育花和深蓝色可育花，颜色组合单纯而美妙。

2.‘阿波紫’小型品种，花色从淡紫色到深紫色变化，叶子发黑。

3.‘深山八重紫’山绣球中少见的深沉色彩，在酸性土壤中就会呈现深紫色。

4.‘伊予手球’单瓣，大型花球，淡紫色的渐变极具魅力。

5.‘清澄泽’不育花的边缘有红色勾边，随着开放渐渐变成淡粉色。

### 数种绣球一起栽植，仿佛山野般的情趣

楚楚动人的山绣球，集群栽种会因为微妙的颜色差异而交织出变幻的花浪，形成动人的景观，很适合为阴暗的庭院增添色彩。

### 融入自然派的庭院

在树荫下随意种植的山绣球，也适合洋派的自然风格庭院，在绿色的园子里，小小的花株楚楚动人，分外可爱。

## 圆锥绣球

聚集众多不育花，花序呈圆锥形，看起来非常豪华的绣球花。因为树皮可以用作熬制糊精，所以又被称为糊空木。耐寒，耐晒，秋季不育花变成红色，显示出秋意盎然的景致。也适合做干花。

1.‘花园蕾丝’欧美非常具有人气的品种，满开时整棵树仿佛被纯白的蕾丝覆盖般，十分华丽。

2.‘石灰灯’花色从莱姆绿色渐变成乳白色，不育花的中心部分呈粉红色，秋季全株红叶。

3.‘金字塔’植株长大后秋季也会开花。雪白花色会染上红晕。

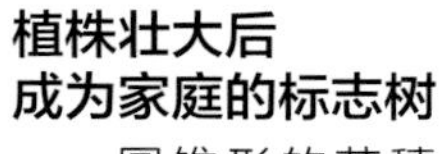

### Point 10 植株壮大后成为家庭的标志树

圆锥形的花穗向四方渐次开放，培育成有高度的直立株形，可以作为家庭的标志树。

### Point 11 枯黄的姿态，增添秋日韵味

任由植株枯萎后，枝干的造型和成簇的干花异常优美，为秋日庭院带来立体感觉。

## 北美品种

没有日系绣球的血统，只是北美的原生种或种间杂交品种。考虑到庭院整体的协调性，以栎叶绣球和乔木绣球为代表的大型植株需要进行修剪等维护工作。比较能耐受干旱，但是夏季最好避免强烈日照。

## 乔木绣球

具有分量感的花形，很有观赏价值，随着开放，绿色的不育花逐渐变成纯白色，到了后期再次变成绿色，最终在冬季变成茶褐色。枯萎后也很美，适合作为干花。

1.‘安娜贝尔’纤细的茎干上聚集开放很多白色小花，形成直径 30cm 的花球，随着开放变成半球形。

2.‘白球’‘安娜贝尔’的花环形，纯白花色和深绿色叶子的对比清新迷人。

3.‘星尘’纤细的重瓣花极有特征。花色从绿色变成白色，再变成绿色。

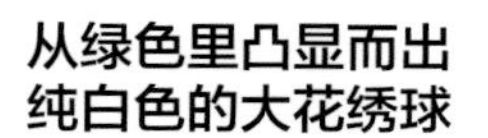

### Point 12 从绿色里凸显而出纯白色的大花绣球

以绿色为主的门前花坛，加入一株分量感十足的‘安娜贝尔’，显得华美动人。

## 栎叶绣球

圆锥形的花序很有特征，花色纯白，有单瓣和重瓣，呈掌裂的叶子好像栎树的叶子，因此得名。在冷暖温差大的地区，可以欣赏到美丽的红叶。

1.‘雪皇后’单瓣开放，不育花大而醒目，花株的存在感十足。

13 Point

### 遮掩凉亭的立柱，形成绿意葱茏的一角

在凉亭脚下横向伸展的绣球，把原本光秃秃的立柱挡住，让庭院整体变得郁郁葱葱。

14 Point

### 虽然不耐直射阳光，在树荫下却大显身手

在加拿大唐棣脚下茂密生长的栎叶绣球，在半阴处大显身手，美丽的花朵把阴暗的角落点缀得亮丽优美。

2.‘和谐’单瓣花，波浪般的不育花密密麻麻，非常华丽。

3.‘雪花’可爱的重瓣花让人联想到雪花结晶，秋末的红叶也很美丽。

15 Point

### 不仅仅是花朵，红叶的魅力也不可抵挡

在被绿叶包围的鸟浴盆一旁，栎叶绣球的红叶效果显著，让人品味到秋日之美。

## 还有这样的绣球

在庭院里自由伸展的藤蔓绣球有像山野草一样野趣盎然的品种，有花色像魔法般变化的品种……说起个性十足的绣球，真是一言难以道尽。你想在家中庭院引入的，到底是哪一款呢？

### 虾夷绣球

自生在积雪的山林里，不耐干旱，习惯在雨雾朦胧的环境里开花。花色具透明感，矜持的美感赢得很大人气。

适合攀缘在拱门、凉亭、树木上，可以打造出自然风格的景致。淡雅自然的花朵，虽然不像玫瑰那样娇艳华丽，但也有它朴实无华的魅力。

### 藤绣球

利用气根贴着所附着的物体生长、攀缘，可以长到20m，开花时整个环境都被淡雅的小花所覆盖。

### 可以欣赏到颜色变化的品种

随着时间变化而变色的品种，变色的方式各种各样，好像在花园舞台上表演的魔术师。

#### 1 上色变化

‘西安’这个品种蓝色的花朵慢慢变绿，最后变成复古的红褐色系。

#### 2 颜色渐渐变化

开放时是白色的‘红’，从花瓣边缘开始升起红晕，最后渲染到整个花瓣。

立刻尝试种植绣球吧!

# 绣球栽培知识

想要种植花形、花色千姿百态的绣球，在品种选择和栽培上还需要具备些基础知识。了解品种的分类和性质后，就可以按部就班地照顾它们，打造出属于自己的美妙庭院。

**日本的绣球，被植物学家西博尔德引入世界**

装点梅雨季节庭院的绣球，虽然原产自日本，现在已被全世界的人们所热爱。西洋绣球那样的大花球，其实也是日本原产的绣球、虾夷绣球和山绣球经过多年的杂交改良而得。

绣球的进化改良得益于一位江户时代后期到日本传播医学的德国学者西博尔德，他的动植物学知识也非常丰富。他称绣球为东方的神秘之花，并将其引入欧洲。20世纪后，育种家经过不断的杂交繁育，实现了花朵更大、花色也更丰富的演变。变得华美绚烂的绣球在二战之后又被重新引种回日本，现在和日本原生的绣球花一起，都成为庭院中不可缺少的植物。

绣球会因为土壤的pH值（酸碱度）和土壤里铝的含量而改变花色。虽然品种很多，但是绝大多数都很强健，容易栽培，是非常适宜为初夏庭院增添色彩的植物。只要正确地栽种，施肥，进行符合品种特征的修剪，就可以看到更加美丽的绣球了。

## 种植

挖掘一个达根团直径2~3倍深度的坑，如果是排水过于良好的土壤，需要混入腐叶土等有机质来避免干燥。为了让根系和泥土结合，轻轻用手打散土团，让根系舒展后再种植，种好后充分浇水。

## 施肥

绣球花期长，3月末应该加入含缓释性肥料的基肥，之后根据情况给予液体肥。如果肥料过多，则株形过高，叶子肥大，整体的株形不好看。施肥应该比一般草花少些。

## 扦插

绣球可以扦插繁殖，进入梅雨季节后，选择枝条中间靠上方的部位、有两片健康叶子的茎秆，从叶子下方开始剪下一节，剪掉叶子的一半，插在基质里。保持遮半阴直到生根。

## 修剪

每年都要进行修剪。修剪不仅可以美化株形，还可以减轻植物的负担，确保次年正常开花。另外也可以改善通风，预防病虫害。

### 绣 球

花后7月修剪。枝条前端剪掉2~3节，叶子4~6枚，在芽头上方1cm处修剪。如果过度重剪，次年会不开花。除非要降低植物的株高，不然不要重剪。

### 乔木绣球

让株高降低，植株变小，把每根枝条的芽头保留2~3个，其余剪掉。如果想保留原来较大的植株，则保留4~5个芽头。同时，整理掉所有的死弱枝条。

### 圆锥绣球

在早春前，剪除枯萎的花穗。如果不希望植物长得太大，把三叉状的枝条中间一根也剪掉。

### 栎叶绣球

在开花后整理花枝，回剪1~2节，只要是芽头上方，任意地方都可以开剪。最好有意识地把株形剪成半球形。

# 无限向往的花园生活

8 GardenInterview

# 北村光世

Mitsuyo Kitamura

北村女士曾从事教师工作多年，常年进行香草的研究与普及工作，在这些过程中逐渐专注于饮食文化的传承工作，在自己栽培的香草花园中实现真正的慢生活。为此，我们拜访了北村女士家。

## 与香草亲密接触的生活

我们被女主人面带笑容的“欢迎”声引导着，登上玄关的台阶后，展现在面前的一面墙都是落地窗，这里类似日本传统的泥地房间。操作台上的景致让人联想到主人刚刚还在忙碌的身影，正在处理的香草种子还放在台子上，可以从大窗口出入的花园里约40种香草正在茁壮成长。

北村女士对香草和饮食文化感兴趣是从20世纪60年代开始的，当时她生活在美国，在制作西式泡菜的时候接触到了莳萝。

“当时美国是市场生产制时期，很少有人能得到莳萝自己做泡菜。一个偶然的机会有人送了我一些，才发现莳萝非常美味。”几年后从美国回到日本的北村女士想制作在墨西哥留学时吃过的萨尔萨辣酱 ，但是没有找到关键的香草，而且哪里都买不到。当时的日本还很难找到各种香草。“那不如自己来种”，抱着这种想法，北村女士开始栽培香草。

“这就像吃刺身一定要配酱油和绿芥末，这是没法找到代用品的。香草也是很难替代的。”因美食结缘香草栽培，培育出的众多香草，除了用于美食外还有一些富余，于是她就开始尝试放在浴缸里或是用于染色之类的用途……北村女士慢慢开始了常年与香草打交道的生活。

伴随自然的时钟
升降窗帘
过着“自然而然”的生活

这里的花园里种植着迷迭香、柠檬香、茅草等40多种香草。北村女士的家离海边比较近，所以这里长得最好的是地中海地区的香草。

左/大概因为镰仓比较暖和，巨峰葡萄总是结得沉甸甸地压弯枝条，这里的环境几乎可以让人忘记自己身处繁华的都市之中。

上/用刚从花园里采摘的柠檬香茅草和柠檬香蜂草加上留兰香薄荷一起泡制的香草茶。完全没有苦涩味道，非常清爽宜人。

下/园子里栽种的柠檬树快要超过北村女士的身高了，正是因为气候温暖，所以可以长得非常好。“皮的部分香味最为浓郁”，无农药栽培的最大优势在这里显示出来了。

## 选择适合当地条件的香草来栽培享用

日本南部的气候近于亚热带气候，说到气候对香草栽培的影响，北村女士说：“其实日本很适合栽种香草。”正像大家所知，香草主要原产于东南亚和地中海地区，过冷或过热的环境都不太适合香草生长。日本主要是南北方向上狭长的地区，虽然有一些地形和气候上的差异，但只要打理得当，就是适合种植香草的好环境。

“英国的朋友还在羡慕我可以栽种原产印度的柠檬香茅草。”英国的平均气温比日本稍低，所以无法栽种。

北村女士介绍说：“很早以前，英国只有薄荷，几乎没有其他香草品种。在罗马人远征英国的时候把香草当作药材而带来了种子，英国人是那之后才开始接触各种香草的。”现在英国已经是薰衣草的重要产地，这样一段历史过程也是非常有趣的。“英国人基本上不会食用香草，更多的是把香草作为观赏植物种在花园里。”

“在英国经常可以见到迷迭香修剪成的树篱，但日本的气候闷热，基本无法实现。”英国虽然也有四季，但不像日本那样骤冷骤热，气候是逐渐变化的，所以植物可以维持比较长的时间。

# 期待每天的新发现
# 不勉强不奢求
# 尽我所能

北村女士说："在这里，也有适合相应环境的栽种方式。如果发现不适合在自己所在区域种植的植物，那就把它当作一年生的草花养上一段时间也好。"我们需要尊重气候和文化，这个思路在饮食方面也是相通的。

"例如我最近发现将香草放入橄榄油，在日本如果不加防腐剂的话就会发生腐烂现象。所以这种储存方法应该只适合比较寒冷的地方。"北村女士表示，如果只是从形式上引入香草生活而忽略了不同地域的差别，就非常遗憾了。

"香草的历史也是人类发展的历史，为了寻找香草的起源，我会到地中海地区去亲自探寻。"

# 追求本真的时代和自然共生 这就是ECOLOGY

凤蝶幼虫把花园里的香草吃得乱七八糟，把它放在手上的北村女士却说“真可爱”，真是洒脱纯真的人啊。

多年前香草丰收的时候把自己纺的毛线用香草染上色，织成了毛衣。除了下雨天外，总是拿去反复洗，反复晾。

## 重要的是对饮食文化的自豪感

“日本在进口肉类时，并没有把降低脂肪的鼠尾草、百里香、肉桂之类的香草带进来，大家都是按照自己的理解来食用进口肉的。”北村女士认为，这样只是把食物本身引入了，却忽略了大范畴的饮食文化内涵，可以说造成了饮食文化的隔阂。另外，日本人和意大利人在饮食方面的根本性区别在于“是否讲究原产地”。

“日本是靠加工像大豆那样的产品而蜚声海外的国家，而在意大利，无论是橄榄油还是香草，所有在地中海区域收获的食物都被赞美肯定。”特别是气候温暖且深受人们喜爱的帕尔马地区，北村女士多年前在这里拥有了第二处家园。这里的帕尔马奶酪和火腿都是有DOP( 原产地标识 ) 的。他们为只有在那片大地才能孕育出的产物而心存自豪，并一直保护着传统。

“从热那亚来的风吹过，山谷底下就是帕尔马。这里是几千年来海风吹拂的地方，又地处丘陵，干燥非常迅速，生产的火腿呈现出美丽的粉红色，可以媲美玫瑰的颜色。”北村女士告诉我们特有的生产环境及其文化内涵的重要性。当我们迎来丰衣足食的时代，这种文化的可追溯性也应该越来越受到重视。

**北村光世 Mitsuyo Kitamura**

毕业于美国密歇根州霍普学院。在青山学院大学教授西班牙语29年，其后专门从事香草及世界各国料理的研究。开设料理教室并进行异国文化饮食生活的演讲。创办意大利帕尔马地区的日意交流中心，筹备在当地开办B&B（家庭旅店）。

处理香草种子也是件很有意思的事情。“摸起来香香的，感觉是在做香疗呢。”

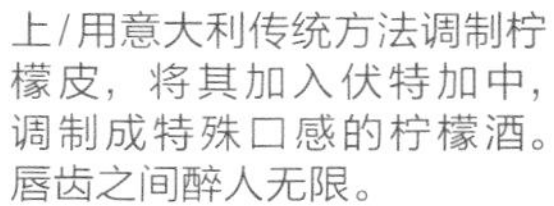

上/用意大利传统方法调制柠檬皮，将其加入伏特加中，调制成特殊口感的柠檬酒。唇齿之间醉人无限。

下/帕尔马奶酪、萨拉米肠、面包的搭配非常简单，但却是可以充分品尝到食材原味的奢侈美食。

帕尔马奶酪。在日本虽然也能买到，但大多是切成小块的，失去了不少情趣。

## 北村女士的新书《柠檬之书》

“正确地食用食物非常重要。只有了解一方文化才能了解那里的香草。这样才能最富格调地享用美食。”希望大家都具备辨别和思考食材的能力。正是出于这样的考虑，北村女士将在帕尔马的家作为日意文化交流中心而对外开放。北村女士说：“我希望从地中海的人们那里学到更多，同时把我拥有的也与大家分享。”提到文化交流可能稍显高大上了，“其实我更希望为大家提供旅行的时候能来坐一坐的地方”。

# 造访独具风情的花园

阿部家的花园让人感觉仿佛是来到了欧洲乡村的豪放花园，心情豁然开朗。

这里加入了很多在美国生活时的元素，手工打造的花园中浓缩了主人的诸多用心。

## ——把乡村风情带到我家来

阿部正往＆阿部和子的家（日本千叶县）

*Stylish Garden*

这里的小路设计成仿佛走在花坛之中的感觉，边走边感受植物的气息，又随时可以坐在花坛边小憩。

开出白色小花的鼠尾草，不仅可供观赏，而且可以作为肉食的调味料，更可制成香草茶。它兼具观赏性与实用性的魅力让人觉得煞是可爱。

使用红砖砌出柔和的曲线，花坛主要种植香草并搭配各季节草花。

## 在各处摆放长椅和扶手椅，坐下的地方不一样，欣赏的风景也随之变化

在花坛与花坛之间也放上扶手椅。为了与周围的朴素氛围融为一体，特意选择了宽大的木制椅子。

在放有盆栽薰衣草的木台上摆放多把扶手椅，打造从正面观赏花园的特等席位。

花园里设置了红砖砌成的或直线或曲线的花坛，营造出一派悠闲景致。这里是阿部夫妇消磨闲暇时光的好地方，随处都让人感觉到身处欧美乡村的轻松自在。

阿部夫妇常年往来美国，希望将那种自然闲适的氛围带到自家花园之中。

“我们反复修改，直到满意为止。”在这处占地约500㎡的花园里，从铺路砖到花坛都是主人亲手打造的。从入门处望去，地面向主建筑延伸的过程中稍有倾斜，这是为了增加从木台望出去的视觉冲击而特意设计的。

花园被小路和花台分为4个区域，为了使每个区域不显重复，虽然也可以用树木等增加变化，但因为担心树长大后不好控制，所以选择用各种形状的花坛和香草加上各种植物的变化来打造动感。

“我们希望无论从哪个方向都能悠闲地眺望整个花园”，所以在花坛之间、小路两侧等各处都放置椅子。而且把花坛的边缘加宽，做成随时可以坐下来的空间。这处娴静的花园拥有很多粉丝，每年从春天到初夏季节，总有很多人造访，来欣赏这里别致的景色。

# Stylish Garden

在以砖铺小路和花坛分割出来的花园里，充满着手工制作的温馨感。在每个区域中变换栽种主题，打造出动感空间。

带金边的凤梨薄荷，走到附近就会被空气中的水果香气包围，是非常好的放松之处。

在猫薄荷繁茂生长的一角装饰了可爱的小猪摆件，凸显出温馨的一角。

# 各种各样生机勃勃的香草烘托出来的自然氛围使人身心舒畅

这里被主人阿部取名为“百里香花园”。正如其名，在这处宽敞的花园中栽有约 50个品种的百里香，另外还栽有迷迭香、鼠尾草、洋甘菊等各种香草。

主人对香草感兴趣也是源于在美国生活的时候，由于肉食比较多，所以迷迭香、鼠尾草等香草就显得不可或缺，自然而然地自己动手栽培起来了。

阿部夫人说：“香草的魅力在于，不仅好打理而且非常可爱，可以做菜，也可以做香草茶，用途非常丰富。”她在众多的品种中，最喜欢的是猫薄荷等银叶品种，所以以这些品种为中心进行整体规划，再搭配各季节栽种相应的草花。因为香草非常强健，在各季节都有很好的表现，所以成为了主人的最爱。

主人夫妇说，希望这里可以留下一家人在一起度过悠闲时光的美好记忆。“还想在可以看到花坛的地方安装秋千，在花香中荡着秋千赏花……”看起来这里的花园生活还有很多不断变化的可能性呢。

用木长椅挡住水龙头，装饰盆栽花叶香蜂草，把这里变为可爱的展示空间。

在厨房后门附近的石头之间可窥见生菜和咖喱草的身姿，长得郁郁葱葱，营造出自然风情。

栽种了很多百里香的一角，各种生长旺盛的百里香叶色丰富，为花园增添了丰富的色彩。

# 蔡丸子：园艺生活的传播者

## 专访绿手指首席园艺作家

摄影 Lucia

认识丸子已经十几年了，如今的她虽然有了园艺作家、花园旅行家、花园摄影师等多重身份，但在我眼里，她依然是那个不忘初心，为推广园艺精神和倡导园艺生活而倾其全力的传播者。

专访 曾素
摄影 蔡丸子

## ◎辛勤耕耘的丸子

作为园艺作家，丸子应该算国内园艺图书著译者金字塔顶端上的人了。从2005年开始，她先后与绿手指等品牌合作，出版了《我的私家花园》《花园四季》《梦想花园》《玲珑花园》《气质花园》等多部原创园艺时尚生活图书，并协助绿手指挑选、引进、审译国外优秀的园艺图书，翻译了英国DK出版公司的巨著《花园设计百科全书》和英国皇家园艺协会编著的《香草花园》《家庭花园》等受花友喜爱的园艺图书，并因此成为长江出版传媒集团特聘的“首席园艺作家”和绿手指品牌的“首席园艺顾问”。而我感兴趣的问题是：作为一个语言专业的园艺爱好者，是如何做到角色转换，成为一个园艺作家的？今后有什么创作规划和打算。

**丸子如是说：**

其实我对未来没有规划过，我也认为未来是无法规划的；只要努力，一切都会水到渠成。我喜欢花园好像是天性，语言是工具，它帮助我打开通往世界花园的大门。我喜欢并且也擅长将自己喜欢的东西分享给大家，于是开始写文章、拍图片。我确实没有想过有一天自己会成为园艺作家，因为成为某一种“家”在我看来是非常非常高端的。即使是现在，我在内心也觉得自己还不能算“作家”，只能算是“作者”吧！

## ◎不为利益所折的丸子

丸子的努力，让她早已成为国内百万花友心目中的偶像，其知名度在园艺圈也是无人不晓的，这在常人看来就是商机，尤其在这个利益驱使一切的现实社会里。但丸子并没有把这些资源归为己有、为己所用，而是单纯地为了推动园艺的传播和良性发展，甘愿成为牵线搭桥的志愿者。我曾经问她，为何不用这些资源改善和提升自己的生活？把自己的爱好变成职业不是一件很理想的事吗？

**丸子如是说：**

我只是喜欢花草植物和花园庭院。喜欢是一件很纯粹的事，它会让我不计回报地去做和花园有关的很多事情，比如不定期举办花园下午茶，为活动去找很多赞助，这些在别人看来是工作，但在我看来不过是举手之劳而已。

我非常非常庆幸的是：生活还没有把我逼得要将花园变成自己的一种生计。

在比利时采访景观设计大师 Chris

## ◎为梦想辞职的丸子

园艺对于丸子而言，是从小就埋下的梦想种子。对于一个语言专业的毕业生来说，能成为国内一流出版社的编辑，当为很好的归宿了。而丸子25岁时辞去了这份人人称羡的工作，成为一个家庭主妇。也正是这个决定，成就了如今的她。与丸子相交多年，每每问到她是否后悔当时的决定时，丸子总是漾着笑容，坚定地说："不后悔！"谈及其辞职的动力时，丸子欲语还休，却还是耐不住我的磨功，道出了真实缘由。

瑞士莫尔日

**丸子如是说：**

其实最主要的原因是当时买的花园在郊外几乎东六环的位置，而我们出版社在西三环，确实太遥远了，不太可能每天按时上下班了。但是因为有了花园，更喜欢每天在花园里折腾，什么也不做，哪怕挖挖土都特别高兴。

法国依云小镇

## ◎被家人宠爱的丸子

丸子是幸运的，她有一个并不太了解园艺却全力支持她的老公——樱桃先生，还有一个一出世就没有选择地跟随她到处探访花园的儿子——小樱桃。他俩几乎把所有的假日都奉献给他们最爱的女人，陪着丸子参加一次次的花园之旅。

而面对这样的陪伴，丸子想对他俩说：
请继续！

温馨的三口之家

丸子还是那个丸子，一如我十几年前认识的她一样，面对媒体的聚光灯依然有几分羞涩，但一说到园艺，眼里却闪耀着同样熟悉的坚定而执着的光芒……

丸子酷爱园艺之纯粹令我敬佩。正是这份纯粹，让她始终保持着一份自然之心去感受园艺带来的一切美好，并把这份美好分享和传递给所有热爱生活的人。

## ◎拥有世界大花园的丸子

了解丸子的人都知道，丸子自己的花园并不大，但这丝毫不影响她对花园的热爱。在家侍弄花园，出门探访世界就是她最热爱的两件事，她把家庭的大部分费用都用来去各国旅行。花园旅行让她收集到很多一手的花园素材，接触最新的花园理念，也让她的精神越来越富有，她拥有的是世界大花园！在“旅行+花园”的模式中，她找到了适合自己的生活方式和价值所在，不仅每年为中国的花园主人设计并组织“世界花园之旅”，同时还成为了绿手指的“园艺旅行首席顾问”。从2011年起，丸子每年都会在自己探访过的花园中精心挑选，设计出一条优质路线，组织国内的花友走出去，探访、参观各国的花园。相信每一位参加过她的花园之旅的花友在旅途中都能深深地感受到她的用心。

法国依云小镇

瑞士苏黎世

# 世界花园之旅倾情奉献

## ——丸子带你看绣球

其实我对绣球的品种不是特别了解，但我喜欢它们浓烈的色彩，以及它们给花园、给这个世界带来的令人兴奋的硕大花球。

每年的6月开始，法国的乡村小路、鲜花小镇和城市中，到处可以看到绣球的芳踪，其中虎耳草科的绣球最为多见，红色、蓝色是最常见的醒目色彩。从西边大海旁的诺曼底地区到东部和瑞士交界的依云、伊瓦尔小镇，一路鲜花重重，绣球们简直开得让人叹为观止。

比利时的这个季节，也是私家花园最美的季节，最显著的当属高大的白色'安娜贝拉'，它们开得比我们的个头还要高，洁白的花球好像充满了能量！法兰德斯地区有很完备的花园开放系统，走在路上就能发现很多花园中都种着绣球。

荷兰的羊角村，六七月开始，各种绣球也是竞相开放，无论是路边河岸还是私家花园，绣球们不遗余力地为这个小村庄献上各色的花朵。

8月的芝加哥，这里的绣球刷新了我对这座风城的认识，因为它们对绣球的各种运用让我深深地相信：芝加哥原来也是一座花园城市！这里的绣球最突出的是圆锥绣球，它们被设计成各种多变的造型：饱满的花器中，绣球和草花一般被成簇种植；规则式的绿篱中，绣球则被修剪为棒棒糖的造型；大学校园中不起眼的荫蔽角落，也有开成绿色的绣球花树……

蔡丸子

美国芝加哥

美国芝加哥

比利时法兰德斯

法国诺曼底

荷兰羊角村

美国芝加哥

- 最全面的园艺生活指导，花园生活的百变创意，打造属于你的个性花园
- 开启与自然的对话，在园艺里寻找自己的宁静天地
- 滋润心灵的森系阅读，营造清新雅致的自然生活

## 《Garden&Garden》杂志国内唯一授权版

《Garden & Garden》杂志来自于日本东京的园艺杂志，其充满时尚感的图片和实用经典案例，受到园艺师、花友以及热爱生活和自然的人们喜爱。《花园 MOOK》在此基础上加入适合国内花友的最新园艺内容，是一套不可多得的园艺指导图书。

Vol.01

花园MOOK·金暖秋冬号

Vol.02

花园MOOK·粉彩早春号

### 精确联接园艺读者

精准定位中国园艺爱好者群体：中高端爱好者与普通爱好者；为园艺爱好者介绍最新园艺资讯、园艺技术、专业知识。

### 倡导园艺生活方式

将园艺作为“生活方式”进行倡导，并与生活紧密结合，培养更多读者对园艺的兴趣，使其成为园艺爱好者。

### 创新园艺传播方式

将园艺图书/杂志时尚化、生活化、人文化；开拓更多时尚园艺载体：花园 MOOK、花园记事本、花草台历等等。

Vol.03

花园MOOK·静好春光号

Vol.04

花园MOOK·绿意凉风号

Vol.05

花园MOOK·私房杂货号

Vol.06

花园MOOK·铁线莲号

Vol.07

花园MOOK·玫瑰月季号

Vol.08

花园MOOK·绣球号

Vol.09

花园MOOK·创意组盆号

Vol.10

花园MOOK·缤纷草花号

**订购方法**

- 《花园 MOOK》丛书订购电话　TEL / 027-87679468
- 淘宝店铺地址

**http://hbkxjscbs.tmall.com/**

## 加入绿手指俱乐部的方法

**欢迎加入绿手指园艺俱乐部，我们将会推出更多优秀园艺图书，让您的生活充满绿意！**

**入会方式：**

1. 请详细填写你的地址、电话、姓名等基本资料以及对绿手指图书的建议，寄至出版社（湖北省武汉市雄楚大街 268 号出版文化城 B 座 13 楼 湖北科学技术出版社 绿手指园艺俱乐部收）
2. 加入绿手指园艺俱乐部 QQ 群：235453414，参与俱乐部互动。